一句乾淨俐落的廢話，
像活著的每一天。

活得像一句廢話

張惠菁

序

張惠菁

昨天晚上在我家巷口，無意間聽見一對情侶的對話。

說是對話，其實說話的只有男生。他們正巧在我身後走進巷子。雖然才十一點多，按理說車潮不會那麼早撤守週末的街道，可是一拐進巷子，還是靜到不可能錯過任何擦身而過的話語。我聽見男生的聲音說：

「妳就不要讓我抓到！」

回頭看。說話的男生繃著一張臉。他的女友不答話，眼睛還笑著呢，笑得很賊，一臉「你抓得到才怪」的表情。

我想她大概早就習慣把她男友的話當成是廢話。

這本書裡收錄的文章，是我在一九九一整年於報紙上寫的專欄。不知不覺，竟然跨過了一個世紀才出版。裡頭有些網站，可能早已不存在，它們一度佔據的位址，現在只出現錯誤的訊息。它們大部份是沒什麼經濟價值的個人網站，從一開始就存在得百無聊賴，現在也消失得理直氣壯。它們吸引的上站人數不多，傳達的訊息也很接近無用的廢話。可是，比起那些關於網路的趨勢大預言，也許我們本來就活得比較接近廢話。

沒有觀衆的舞台

http://www.geocitites.com/Tokyo/Flats/2428

1

本月份妄想症

http://www.xpressweb.com/~jesse/duckville.html

2

世界正在繁殖中 3

http://209.208.235/imagine/warning.html

4 時間就是拿來浪費的

http://www.newground.com

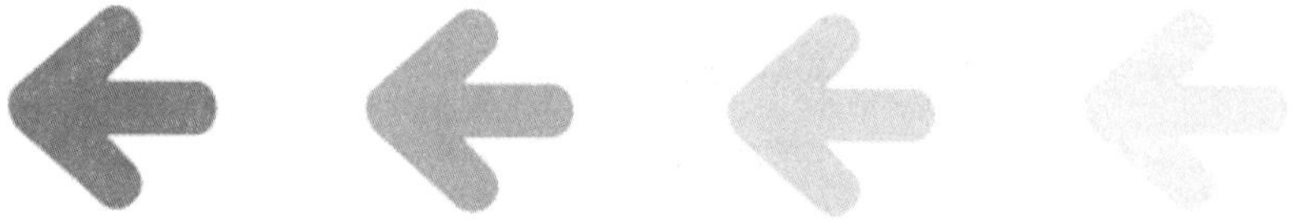

1. http://www.geocitites.com/Tokyo/Flats/2428

沒有觀衆的舞台

定格的狂歡

廢墟網站 http：//www.france98.com

想像一個美國西部的小城。因爲出產礦砂盛極一時，後來時移勢轉，礦脈枯竭，再加上鐵路改道，曾經熱鬧的街道就整個荒敗了下去。那樣的荒敗是極其迅速的。人潮不再湧進，小販不再來市集兜售商品，酒館一家一家關門，年輕人紛紛遷走了。然後只剩下幾間永遠不會改建的房子，油漆逐漸剝落；幾個還記得當年盛況的老人，坐在屋廊下捲菸草。小城仍是存在的。沒落後的小城存在的眞實性與沒落前毫無二致，在地圖上也占據著同樣一個圓點。只是，人們不再來了。

網路上也有這樣的荒敗之城。而且比世界上任何一個地方都多。議題性強烈的熱門網站總是增溫迅速，失溫也同樣迅速。話題就是一個網路的礦砂，當它枯竭，再沒有任何一條鐵道可以將人潮引入這個站。

因爲，網站不同於路邊的雜貨店，每天出現在我們走到公車站搭車的路上，讓我們習慣性地注意到它的視覺存在。我們之所以記得一個網址，或將它擺在書籤

（bookmark）裡，是因爲它引起我們的興趣。一旦興趣消失，我們再不會記得要去輸入它的網址。那個存在於茫茫網海中的網站，於我們而言也就與消失無異。它成爲網路上的一縷幽靈。或許有一天你會誤入歧途撞上它，但更多時候它只是無聲地被遺忘。

無論多麼熱門的網站都可能有這麼一天。比如說九八年夏天，世界盃足球賽在法國舉行時，主辦單位所架設的官方網站。當時世界盃是最熱門的話題，英法雙語的France98網站每日湧進驚人人潮，接收最新最即時的比賽結果。網路串連了全世界的足球迷，聊天室擠滿了想對這場那場比賽發表議論的人，照片頁特寫一個個揮汗等待被膜拜的足球英雄。

然後，世界盃足球賽結束了。

那個網站到現在還存在著。沒人再去維修它。它停留在一九九八年七月十二日世界盃足球賽結束的那天。法國隊拿了冠軍。合成的大圖裡是被法國人的慶祝煙火包圍的凱旋門，一片瘋狂的慶典氣息滿溢在畫面裡。另一張照片裡一個法國人臉上塗著紅色油彩，對著鏡頭比出V字手勢。他手上夾著的菸都還沒抽完呢。

如果不考慮時間的流逝，這一切都看似歡愉美好。想連進聊天室看看，卻得到一個關閉訊息，立時提醒了我們一切都已結束的事實。我們所眼見的乃是一九九八年七月十二日那天，最後定格的狂歡，像是被岩漿封緘了的龐貝古城。

我們想像兩百年後，有一個百無聊賴的人在一個百無聊賴的夜裡，在已經進化變種至令我們無法想像的網路上漫遊，無意間連進了一個古舊的網站。這是什麼?他想，對落後的設計型態嗤之以鼻。然後他看見螢幕上的France98字樣。看見那個比著V字手勢的法國人手上沒抽完的菸。忽就這樣走進了我們這個時代的廢墟。

無意間，在網路之海的底緣，發現亞特蘭提斯。

沒有觀眾的舞台

自言自語網站

http://www.geocities.com/Tokyo/Flats/2428

關於在我們這個時代，每個人都有成名的十五分鐘這種說法，我們已經重複聽到發餿，以至於此等老掉牙的論調不會在心裡引起任何皺褶。我們可以去報名超級明星臉或模仿秀，享受攝影棚燈光打在身上的重量，和只有電視上見得到的明星主持人哈拉。或者我們可以選擇一個DIY的作法，比如說替自己架一個網站。

這裡說的是網路上無數的個人網站。光是登錄在英文Yahoo!的個人網站區，在我寫這段文字的時候，就有六萬八千七百五十二個。如果你有許多關於自己的事想告訴大家，架一個網站是最好的方式。如果你沒有自己的事要告訴大家，架一個網站，自然就會找出很多值得寫的事。

比如說馬來西亞的十八歲女孩Michelle。她的個人網站上放了許多卡通圖案，她的自我介紹，對她的家人、朋友的描述，還有她的詩。那些詩即使是以最通融的標準閱讀（原諒我這樣說吧！），也是頗遜的。然而網站上既沒有會退人稿子的副刊主編，因此那些詩也就占據了幾個位元，向所有進入網站的人招手。

Michelle 網站具備大部分個人網站共同的語言，鉅細靡遺地交代與自己有關的種種事情。「我」、「我」的家人、「我」的朋友、「我」的詩、「我」的虛擬寵物……。這些人事物只有一個共同點，即是它們與「我」這個人物的關連，透過「我」他們連結在一起。透過「我」的網站它們展示了這個連結。

如果我們想當五分鐘主角，我們有很多方法可以選擇。但是假如我們選擇拿個肥皀箱，站在路邊演說的方式呈現自我，我們會擔心阻礙交通，會擔心旁邊賣仿冒名牌皮包的路邊小販給你白眼，會擔心警察把你視同路邊攤取締。假如我們選擇上電視，我們先得說服製作單位我們是有趣的，先得把自己打扮妥當，練好模仿張惠妹、徐懷鈺的技能。假如我們買報紙版面，我們得很有錢。假如我們寫日記，我們會覺得少了觀衆。

網路是這一切的解決方案。網路提供的是一個自言自語的工具。在那裡我們可以放大分貝，可以嘮叨不絕，不必擔心干擾到別人。放自己的照片，放自己的寵物，放自己的詩。網路讓我們享有自己專屬的聚光燈。

然而這個工具並不能保證我們被看見。個人網站從來都沒能聚集人流。因爲我們都知道，聚光燈是用來創造與周遭相對黑暗場景的反差，好讓觀衆的目光集中在聚光燈打出的亮點；而我們也都知道，當一個舞台上有太多聚光燈，以至於淪陷在整片不可分割的光亮裡時，聚光燈也就失去了它的效果。

個人網站所提供的，往往是一個沒有觀衆的舞台。它的存在意義不在於有多少人能看見，而是在於滿足我們每個人心裡，想呈現自己、言說自己、向自己表演的欲望，因此是無盡的自言自語。

我想要

貪婪網站

http://www.chickpages.com/brainiacs/etoile/gimme.html

如果上網，請買一點陽光給我。

因爲這是一個冬天的下午。因爲這樣的日子裡陽光有點奢侈。因爲我老是記得好天氣的早上，皮膚被陽光馴養的感覺。因爲我很想看見自己在過亮的光線裡變得透明。因爲我想出點汗。

因爲我爲以上原因欲望陽光，但這卻是個陰翳的日子。陽光不在。現刻不在。我的欲望遭受挫折。毫無商量的餘地。

你會說，今天的天氣也不是眞的那麼差。你只是像個向父母親要求玩具的孩子，貪婪地撒著嬌。你說的都對。但是，買陽光給我吧。

住在美國華盛頓首府的一個十八歲女孩，在她的網站上列出十九項她想要的東西。蕾絲衣服、芭蕾舞鞋、狗牌、鷄尾酒晚宴服、數位相機、自己的網址、會說話的水獺玩偶……

買給我吧。她說。

每一個她想要的東西，都註明了尺寸與價格，並且建立超連結（hyperlink），連到相關的購物網站上。關於會說話的水獺玩偶她說：「我去舊金山時看到的，但是那時我沒有買。我現在後悔了。」關於數位相機她說：「我一定要一個！可以把相片存在一般磁碟片裡，我只要把磁碟片放進電腦裡就可以叫出照片的那種。」

她在說，我很貪婪，我想要的東西很多，並且我想要的東西不會到此為止，但是，買給我吧。

對這樣的念頭我是熟悉的。渴想一樣東西到胃壁上像有節瘤生出那般起著粗糙的磨蝕感。「好想要。」這個念頭如同某種內分泌在臟器與腺體間不斷湧出。

然後，因為意識到想要的東西在自己能力可及的範圍之外，我們想找個人撒嬌。如同小時候向爸爸媽媽索討玩具那樣。我們想大聲說出自己的貪婪。並且相信，也許這樣就真的，會將我們想要的東西帶給我們。一種內在的欲望，化為一個向外的姿態：買給我吧。一種索討。一種耐煩的糾纏。

那些東西不見得珍貴，只是在此刻欠缺，因此遂被貪婪養得肥大，它們或許是些不花錢的東西。一點陽光。一句不是出於矯造應付的招呼的話。一些善意。一分鐘的安靜。

這個夏天來臨以前，我還會繼續貪婪地欲望陽光。我知道那是一種不忠的貪婪。等到陽光太多，多到有灼傷的危險時，我便會撐起陽傘閃避，並且，欲望別的東西。

但是現在，請你上網。請你。爲我買一點陽光。紫外線不要太強。明亮到足以將我變得透明便好。稍微烤焦我的髮梢沒關係。即使曬出一點雀斑也無所謂。

並且，如果你容許我更貪婪一點，陽光最好是雙份。

買給我吧。謝謝。

無害輕盈美麗

憎惡網站

http：//home.earthlink.net/~other/index.html

關於憎惡這種情緒每個時代都有。

憎惡可以有一整套意識形態來自圓其說，比如說我們這個時代過於習慣的種種主義。但更多時候憎惡只是沒頭沒腦，沒根沒據。

比如說我們莫名其妙地憎惡小黃瓜和胡蘿蔔。

比如說我們毫無理由地討厭某個開跑車的明星。

比如說我們打開電視就忍不住把節目從頭罵到尾卻還不肯關機。

又比如我們上了一個網站，名叫「我恨綠洲合唱團反歌迷俱樂部」（I Hate Oasis Anti-fan Club）。

不，我不是在開玩笑。眞有這個站。進入「我恨綠洲合唱團反歌迷俱樂部」網站，我們會先看見一個巨大的Oasis標誌。是的，就是那個長方形黑底反白字，被Oasis的日本歌迷評爲經典設計的標誌。所有Oasis的歌迷網站都會掛上這個標誌，可是作爲一個「反歌迷俱樂部」，這個網站在Oasis標誌上加了粗紅斜槓。Oasis的正字標記，遂變得像禁菸標誌一樣。

然後我們可以點選參觀站主的CD評鑑，看到站主給Oasis的每張專輯四顆檸檬「完全垃圾」評價。或者看站主如何說服你Oasis主唱Liam是隻猴子。看站主用一種介乎耍白癡與耍無賴之間的語氣狠狠修理Oasis，偶爾也順帶修理他的讀者，太毒了吧。我們一邊笑一邊想。至少我就是這樣。

像這樣的網站在網路上幾可自成一類了。僅爲了憎惡某事某物而架上一個站，還留下站主e-mail地址好讓其他有志一同者同聲吐槽。各式各樣的憎惡網站在網上發散著玩笑或嚴肅的惡意。

也許，我們都有一點點喜歡這個站，甚至覺得喜歡這個站和喜歡Oasis其實並不衝突。我們心想，不過是個愛發牢騷的站主，開開無傷大雅的玩笑嘛。

但是我們之所以對憎惡網站一笑置之，主要還是因爲它「無害」。一個網站能有什麼害?畢竟它只是占著一點虛擬的空間，如果你不去召喚這個網頁便什麼也看不到，猶如你不去召魂便無由被鬼靈所害。倘若這個網站從開站至今不過數百人到訪，那麼它的罪孽也就更微不足道了。

於是，憎惡網站們繼續在網上等待下一個上站者，讓共同的憎惡感透過電話線相互交流。

對於網上這些莫名其妙的無所節制的氾濫成災的憎惡，我們只能覺得不可思議。原來我們有這麼多的憎惡與不耐啊。偶爾我們會這樣想起。像是人類學家發現了一個說明自己祖先來歷的化石。並且面對這個化石捧腹而笑。

螢幕閃爍跳動的同時，我們的諸般憎惡也顯得如此輕盈美麗。

一千隻眼睛的巨人

嫉妒網站 http：//www.angelfire.com/pa/jared.keitel/index.html

當天后赫拉嫉妒丈夫宙斯愛上了女子愛歐，她派出全身長滿一千隻眼睛的Argus監看愛歐。在阿葛斯爲使神荷米斯所殺之後，他的幽靈仍無時不刻地跟踪著愛歐，用一千隻眼睛驅趕這個女子，使她無處蔽身，使她瀕臨瘋狂。

嫉妒是一千隻眼睛的巨人，對我們嫉妒的對象施以凝視的刑罰。

當一個名叫Jesse的十八歲男孩在去年的美國MTV電視台VJ大賽中脫穎而出，贏得兩萬五千美元獎金、與在MTV台擔任正規VJ的機會後，對他的嫉妒在網上悄悄流傳，有人架起一個名叫「我嫉妒Jesse Camp」的網站。站主率先攻擊Jesse智障、看起來像嗑藥，並號召衆網友跟進交換意見。

一個自稱參加了那次VJ大賽的女孩，表達了她對整個比賽的不滿：如果MTV台想要一個像Jesse那樣的人，只要走進紐約市的後巷就可以找到了。何必公開募集VJ人選，讓衆多有意角逐的人排隊等候？「如果你不會好好說話，不洗澡，腦容量只有螞蟻大小，你不應該有當ＶＪ的特權。」她寫道。最後，很有禮貌地謝謝大家凝聽。

因此在網路的時代，你如何對付你所嫉妒的人？答案是架一個網站，召喚一千隻凝視的眼睛，將嫉妒的對象攤在目光底下剝解。

而嫉妒原當是，七大罪中最醜惡的一項。

嫉妒是一種貪婪。渴求你所不能得的東西。嫉妒是一種驕傲。僭越地以爲自己應該得到更多。嫉妒是一種憤怒。它使人成爲尼采所說的「世界毀滅者」：「當一個人想要做某件事而不能完成它的時候，他在最後就憤怒地喊叫起來：『讓全世界都毀滅吧！』……『如果我得不到什麼東西，誰也別想得到什麼東西！誰也別想成爲什麼人物！』」

而我們嫉妒那些得到了我們得不到的東西、做到了我們做不到的事的人，最核心的原因，不在於我們渴望那個欲望對象的事物。「維特並不恨阿爾貝特；簡單說吧，阿爾貝特只不過是占據了一個令人羨慕的地位。」（羅蘭巴特）我們嫉妒是因爲我們希望自己位在某個位置上，但實際上我們卻不在。我們的嫉妒是對自己身分的焦慮。

我嫉妒。因「我」的位置的失落。

對在「我嫉妒Jesse Camp」網站上留言的人來說，Jesse之可憎在於他成了他們希望自己成爲的身分。MTV台的VJ象徵了名聲與收入，是美國年輕人心目中艷羨的明星角色。當VJ的位置落入像Jesse這樣，在他們眼中極近白癡的人手中，也就製造了如同薩里耶對莫札特那樣的情結：爲什麼神要將音樂賜給這樣一個鄙俗卑猥的人？爲什麼「我」竟沒有那樣的位子？

而神意不可知。MTV台遴選VJ，就像神揀選將天賦才華灌輸與誰。當媒體透過分配光耀而變得宛如神祇，落選者們在神一般的MTV電視台面前，怨憎自己位置與身分的失落，於是，用一千隻審判的眼睛，嫉妒地凝視著神的選民。

我眼中的男生，更新版

精神分裂網站 http://www.artificial.com/~danielle/LUST.html

女孩娜塔莉，在個人網站上列出她的理想男孩條件。在「我眼中的男生」頁面裡她說：如果你既高又瘦，並且深思，請盡快與我連絡，我們可以在週末前搭上線。如果你不符合以上條件，請走開。

但是，女孩娜塔莉在另一個名爲「我眼中的男生——更新版」頁面裡卻說：我只想要一個愛我的人。你不必高不必瘦不必深思，只需要對我好，別忽略我，別讓我求你注意我，別讓我後悔認識你。

在第一個版本裡，她是一個只想即時行樂，在週末派對開始前找個高瘦男伴的女孩。她開出條件，叫條件不符的人自己閃人，理直氣壯，完全是性解放時代裡合則來不合則分的爽俐。

在更新版本裡，她卻拾起愛情通俗劇的邏輯。外表不重要，腦袋裡的東西深不深思也不重要。她改而要求一點聆聽與注視，一點不過分的寵溺。像日劇「一〇一次求婚」那種眞心抵得過一切的通俗劇模式，忽然重新占據娜塔莉的腦子。

同樣一個女孩娜塔莉，在兩個標準之間擺盪，彷彿走索在精神分裂的邊緣。但分裂的絕不僅是她，我們都或多或少的，罹患同一種分裂症。

我們都想要一個，可以自由進出的關係。輕易在網站上呼朋引伴，相遇得容易，分開也不會太難。一場派對過後，也許留下電話號碼也許不留。因爲一開始的預期就不高，所以一個週末的歡快是最大的滿足。

可是我們又想要一個完全相涉的關係。我們都還是相信好萊塢電影那種「每個人都有一個完美對象」的假設，相信有可能遇見一個既了解我們，又體貼關心我們的人。我們不是要求太淺，就是要求過深。要求太淺時，我們與世界的接觸猶如打水漂的扁平鵝卵石，輕輕觸及表面便又彈開。要求太深時，又像是要將自己捲入漩渦的中心，冒著滅頂的危險，向世界索討注意。

不忠貞的臉孔

變身網站 http：//www.beauty-works.com

倘若在黑暗裡閉上眼睛，用指尖探測自己臉孔的輪廓。先觸及高起的鼻梁，與鼻尖皮膚下分裂的軟骨。鼻子在。然後是眼窩，眼下的皮膚疲倦地浮腫著。眼睛在。嘴唇作爲臉孔上最大身體缺口的把關者，在身體內外的交界，洩漏最多體溫與濕度。嘴唇在。

睜開眼睛看見，五官各自落入自己的位置，彼此間的平衡構成一張臉。昨天的臉，和今天的臉不會有太大的差別。除非是病痛，除非是情緒影響，使五官在固定的位置上洩漏些微的差異。

可是頭髮不一樣。頭髮的變化比五官多，是最容易被易容的部位。頭髮沒有神經，因此和人體的關係若即若離。同樣作爲我們頭顱的一部分，我們無法割棄鼻子而不痛入臟腑，頭髮卻可以隨時在剪刀下與我們分離。頭髮與我們的身體之間，忠貞關係淺薄如此。

因此，對於我們擁有最大改變權的頭髮，我們花費了最多的時間。像要將一個情人哄得開心，可又隨時可能拋棄現刻對它的看法。

想輕盈的時候削短頭髮。想俏皮的時候剪一排帕妃式的劉海。

或者，讓它時而栗紅時而棕黃，時而以粉紅亮藍等色彩染出條狀髮束。

因此有這樣一個網站，販賣一種美容沙龍用的軟體，讓沙龍的客戶可以虛擬自己的臉型與各種髮型結合後的效果。這家公司的網站更提供售後服務，在網上列出新髮型，讓購買這套軟體的沙龍可以從網站上download使用。

於是我們在這家公司的網頁上看見同樣一張三十歲左右的女人臉孔，以金髮棕髮、長髮短髮等種種分身出現。金色長髮蓬亂如潘蜜拉安德生，棕色短髮服貼如潔美李寇蒂斯。二十餘張臉孔並列有如一組髮型各異的孿生隊伍。

你想要哪一個髮型？

想要哪一個都可以。在這裡，抄襲是被鼓勵的。抄襲一個髮型像套用一種身分，培植一種可能。我們可以從這個網站得到的，是一種試探自己變貌的方法。因此何必在乎是否抄襲？髮型終要像論述一般，落入「耳語的匿名性」。

因此，認眞地看待這個網站所提供的技術吧。

也許它省去了我們許多失敗的嘗試，例如及早發現自己抄襲了張惠妹的羽毛剪後竟看起來像伍佰。

也許，它令我們在諸多變貌間舉棋不定，想不清自己到底想變成安室奈美惠還是廣末涼子。

然後我們便和種種髮色髮型的自己，在下個網頁分了手。從此不再相見。

冷門香水

氣味網站　http://internix.com/perfume/

於是有這樣的日子。早上醒來，掀開被時在冷空氣裡打了個噴嚏，感覺嗅覺經過一晚的休息後慢慢醒來。走進浴室，被牙膏的清涼氣味沁醒，打了這個早上最後一個呵欠。到冰箱翻找食物，聞見隔夜食物的味道，因此決定還是只喝咖啡。

然後忽然你想，我想要一種氣味。

你想要一種特定的氣味。不，你可不想走上街，到百貨公司裡的香水專櫃，任專櫃小姐往一張又一張的試紙上噴各種牌子的香水：「試試看吧，Donna Karen最近新推出的香水。」或是變魔術般地拿出各種贈品：「現在買CK的Eternity，送一組三件的香氛產品喔。」於是你明明對某種牌子香水的肉豆蔻氣味不甚欣賞，卻因爲贈品的小巧精緻而心動不已。

但你之所以不願到百貨公司香水專櫃買香水，原因還在這一切之外。因爲那些不是出現在你腦中的特定氣味。你想要的香水只有一種。不是那些促銷中的香氣。你說不出想要的緣由，像是村上春樹說不出他在小說《遇見一〇〇%的女孩》裡寫的那個女孩爲什麼就是「百分之百」。你忽然掉進了對那種氣味的偏執，像是村上筆下的「我」忽然地遇見女孩又錯過女孩。

幸好有網路。網路上有專門訂購香水的網站。除了一般品牌，他們還爲你尋找「難找香水」：「別灰心。只要塡寫訂購單，我們會用一切努力盡快爲你找到。」好像幫助你找到一支冷門香水是他們的神聖使命。於是你上網告訴那家公司，我想要一種香水。一種少見的香水。一種在市面上怎麼找都找不到的香水。

不不不，這不只是一種物質欲望而已。是一種對「特定」物質的欲望。重點在「特定」兩個字上。像是愛了一個人，從此有了一種偏執。雖然你想說服自己。沒有人會因爲少了一樣特定東西而活不下去。就像告別一次戀情，你也不會傻到去跳樓。可是爲什麼你不能滿足於用另一個牌子的香水代替？

也許你不會意識到，你在無意間接受了這樣的預設：世上存在著能夠讓你獲得滿足的「特定」東西，像是村上的「我」相信世上存在百分之百的女孩。你和那個「我」都低估了欲望的滿足難度，卻高估外物所能給你的救贖。

於是你在網路上塡了訂購單，留下一切讓他們能找到你的方式，然後便靜靜等待那個公司的回函，像等待一個許諾的實現。雖然你永遠不知道那個許諾是不是眞的會實現，不過幸好你很快便會忘記那個氣味而欲望別的東西。並且就算找到了那支香水，也將發現，香水的實體不過是你的欲望的一個失敗的拷貝。

索討祝福

生日網站 http://www.boutell.com/birthday.cgi

三月的愛丁堡還很冷，那時我總以簡約的形式度過生日。通常是當天提早離開圖書館，到一家我喜愛的中國菜外賣店買蔬菜炒麵，回程進超市買比利時巧克力冰淇淋。

回到宿舍，享受一大盤炒麵，打開電視看最無厘頭的喜劇，抱著一桶冰淇淋大笑。然後，就在這頓完美的生日晚餐即將結束前，電話忽然響了。

通常這種時候會打電話來的人，八成是忽然地想起了今天是我生日的傢伙。於是我猶豫著該不該去接那個電話，終於還是禁不起鈴聲的催迫。「喂？」我說。

「是我啦！今天是妳生日不是嗎？」是一個不太熟的朋友。

「是啊。」明明就是因爲知道才打電話來的，還明知故問。

「生日快樂。生日怎麼過？有什麼慶祝活動嗎？」屬於無話可說型的生日問候語。

「沒有啊。在家看看電視。」我忽然對這個答案有種不好的預感。

果然。「這樣啊。」他的聲音裡明顯透露出「妳眞可憐」的表情。那樣的音調讓我煩躁了起來。好像在指控我待在家裡看電視過生日這件事當中有某種可恥的成分。於是我巴巴地解釋著：我覺得一個人過生日很好、不用出門外頭好冷、酒館裡人擠人吵死了之類。念頭一閃而過，我倏地閉了嘴——我幹嘛要解釋啊？

電話那頭的友人做出結論：「好吧。明年再替妳好好慶祝吧。」顯然對我的說法完全不信服。他那樣說好像在提供一種優越的施捨，雖然我不明白我爲什麼非得憑藉他的施捨過生日不可。只能吶吶地說「謝了」然後掛上電話，更加生氣自己幹嘛要說「謝了」。

關於生日的晚上如何會因爲一通電話而整個地發了餿，再沒有人比我更清楚了。在接到電話以前我多麼自足於電視喜劇、炒麵與巧克力冰淇淋帶給我的歡樂。接到電話以後這一切遂因爲某人無意的窺伺：「生日怎麼過？」而將一切變了質。我在愛丁堡總共過了三個這樣的生日。每次都是學不乖地接了一通莫名其妙的電話，遂莫名其妙地打斷了我一個人的生日派對。

因此上那個生日網站時，我實在忍不住這段回憶帶來的發笑衝動。在這個網站上有許多網路使用者自己登錄的生日資料。我們可以看見今天有哪些人生日，然後發e-mail給他祝他生日快樂。因此這些人都有可能收到來自陌生人莫名其妙的生日祝福。將自己的生命史中的一天打亂成公共事件。由於這些人理論上都是出於自願地登錄自己的生日，他們似乎是理所當然地期望所有人在這一天e-mail生日祝福給他們。

就好像我回到台灣後的第一個生日，又恢復和朋友一起吃飯慶祝的生日形式。忽然在餐廳接到一通久未連絡的朋友的電話。他說了許多事唯獨沒祝我生日快樂。「你忘了今天是我的生日嗎？」在對話的最後我半開玩笑地對這個不幸的朋友說。

然後意識到自己竟也習慣了理直氣壯向人索討生日的祝福，如同將自己的生日登錄在那網站上的所有人一樣。

隱姓埋名的好方法

打結網站

http://www.dirac.es/usuarios/bowtie/bowtie.htm

在電影《綑綁》裡，山口智子飾演一個年輕太太，丈夫是眼睛雖小卻很受歡迎的豐川悅司。他們沒有小孩，過著和所有年輕夫妻差不多的生活。然後有一天山口智子忽然開始下意識地用繩子綁自己的手。

這樣的情況把豐川悅司弄得有點火，於是想把她老婆的手綁起來免得她亂來。可是他怎麼綁都沒辦法讓山口智子滿意，只見山口智子陷在一堆繩結當中，一臉木然地說：「喂！好好地綑綁嘛！」

同樣是屬於打結綑綁一類的動作，也有屬性溫和許多、日常生活裡隨時可見的形式，例如打領結。

在這個號稱是世界上第一個獻給領結的非商業網站上，站主用一整個網站展示他的領結蒐藏，教大家如何打領結。

如同所有以物品爲主題的網站一般，在這個網站上我們驚訝於站主花費在這些東西上的精神，他的蒐藏之多與他一本正經的態度。這整個網站只爲展示一種纏繞的結紐，從樸素到花稍，從傳統質材到各種毫不實用的前衛造型。因爲一個人的蒐藏，一個領結有了它的身世。

我們或許可以說，這位站主與電影裡的山口智子同樣執迷於繫在身上的結。可是兩人卻表現出完全不同的態度。站主在站上陳述了七個天天打領結的理由。其中我最佩服的是第七個理由：「人人都把我和領結聯想在一起。如果有一天他們看見我沒打領結，許多人就會認不得我。這是讓自己隱姓埋名的好方法。」

顯然這個站主，比起希望丈夫可以好好綑綁她的山口智子，更有一套從容出入於繩結的方法。他先用一個結將自己綁住了，因爲這個結，他被周遭的人記憶，人們想起他便說：「啊！那個打領結的人。」

然而領結非僅讓他被記憶，更幫助他被遺忘。這位站主認爲，他可以解開領結像解開一個身分的註記。像魔術師表演脫逃術，鬆開了這最後的鎖鏈他便自由。

那麼爲什麼他還不讓自己自由？爲什麼他還讓自己和領結一同拘禁在他人的眼裡？那或許是如同武俠小說裡的劍客，使一手天下無雙的快劍，敵人砍去了他的右臂，以爲勝了，不料劍客反手出招，殺了猶帶不解的敵人，原來他左手的劍法比右手更快。他以右手使劍的習慣，誑過了所有人，然而終有一天，他會在人們不知覺的情況下，以左手劍出奇制勝，然後消失在所有人眼前。

當這個站主打著領結，他也就爲自己預留了一招左手劍。然而我們不知道站主解開領結的那一天何時會來臨。如同我們內心牽繫著一個人，愛他也很好，他綁縛著我們給我們確定的維度；不愛也很好，像解開一個繩結我們可以從容從人前遁走。然而我們既已愛著他，便不知究竟何時眞的可以，拿不愛當成最後一招左手劍。

食物從來不只是食物

明星主廚網站 http：//www.starchefs.com/ELagasse/bio.html

在愛丁堡的時候，住過有很大廚房的宿舍。廚房兩面採光，明亮寬敞。根據廚房的空氣，很容易分辨出來，是泰國室友剛煮了泰式咖哩，還是新加坡室友剛炒了超辣宮保雞丁，或者義大利室友剛烤完手製麵包。

不過，偶爾會有所有食物的氣味混淆在一起的食物嘉年華。通常這樣的事情發生在週末。平常大家各自忙著課業，到了週末不約而同決定好好地款待自己。於是整個廚房變成一個國際食物攤。我們時常互相傳授自己國家的菜餚做法。

看到這個明星主廚網站時，我想起在廚房裡和圖琳一起拌羊肉末、米飯和番茄丁的那一天。圖琳那時快要結婚了，她教我將青椒挖空，塡入拌好的菜肉和米飯，蓋鍋燜煮。非常家常的口味。我更喜歡一面做著菜，一面聽她說起婚禮種種瑣碎的籌備細節，她誇張的表情增加了每件事情的趣味。

明星主廚網站上有好幾個在美國主持美食節目的明星主廚，全都把他們滿面笑容的沙龍照放在網頁上，好像他們的臉是比他們做出來的食物還要重要的資產。

他們是對的。食物從來不只是食物。

最早的時候，學習如何料理一道食物，靠的是廚房裡的面授機宜。如何用刀背拍肉好讓肉質鬆緊得宜，如何將一尾魚順著鍋緣滑進熱燙的油裡，如何大火快炒一盤青菜不讓菜葉變黃，這一切都透過一個個俐落的手勢展現。廚房裡婆媳、母女、妯娌間的權力關係，一切家庭內外的私語言說，也在這個時候現形。

然後城市小家庭解消了那些權力緊張的廚房。傅培梅上了電視，在布景非常簡單的攝影棚內表演一道又一道的菜色。電視主廚的時代來臨，主廚的個人特質越來越重要。現在我媽媽最愛看的菲姐（雖然菲姐做的菜我媽一道也沒試過），那些誇張的手勢和表情，都是表演風格的一部分。媽媽們選擇了令人喜愛的電視主廚，看她做菜，好像是爲了替代過去廚房裡的人際關係一樣。電視主廚們模樣討喜，又不會向你展現權力，絮聒無謂的嘮叨。

而網路可以更進一層。當我們從網路上下載食譜學做菜，我們連主廚的表演都跳過了。除了網頁上那幾張照片，我們不太注意到那些明星主廚。

當然網路食譜裡也沒有和媽媽或和朋友一起切菜熱鍋的樂趣。然而我並不覺得可惜。和媽媽或和朋友七手八腳一起做一道菜是好的，從網路上學做菜也是好的。畢竟愉快的人際互動不是一直都有。網路上的資訊有一種「要食譜我就給你食譜」的純淨度，因此不須沾泥帶水。

尤其當我們不希望聽見媽媽在湯鍋燒滾前，順便對你的工作型態交友關係未來期望發表訓話，兼及世風日下人心不古的評論。這樣的時候，我總要感謝世界上有網路。

在正露丸的隔壁

口香糖網站 http：//members.aol.coin/Rkaczur/

對小學生而言有些日子是最重要的，比如說遠足和同樂會的日子。對遠足和同樂會而言，有些東西又是不可或缺的，比如說零食。

然後零食當中又會有些屬於熱門燒貨，比如說我們小時候有些家境比較好的小學生，會有上面印著日本字的餅乾糖果可吃，像是固×果餅乾棒。那種餅乾棒在專門賣國外小東西的委託行才買得到，所以遠足或同樂會時帶了一包餅乾棒，也就是家庭環境的象徵，上面的日文字好像是說：「我們家可是都用進口貨的委託行家庭喔。」

因此，雖然那餅乾棒在委託行裡是非常荒謬地和日本進口的「正露丸」、「救心」放在一起賣，可是仍然令小學生們艷羨不已。畢竟正露丸那種蟑螂般的藥味透過包裝傳染到餅乾棒上的機率是微乎其微的。

如果同樂會在夏天舉行，那麼便有另一種極受小學生歡迎的零食奢侈品：冰淇淋。這種零食因爲容易弄得小學生滿手滿嘴的黏答答髒兮兮，通常不受家長歡迎。我在小學五、六年級時，因爲班上一位同學的家裡是當時台灣極受歡迎的冰淇淋製造商，每逢同樂會之類的日子，這位同學的家裡便會送來整箱的冰淇淋請大家吃。通常老師會先讓全班同學整齊劃一地向那位同學說「謝—謝—×—×—×」，然後才把冰淇淋發給大家。那句「謝謝×××」，卻因爲小學生認眞拉長音的念法，聽起來不像誠心的感謝，倒像是某種口號，或是國慶閱兵大典時「總—統—好」之類的喊話。

小學二年級的同樂會時，我和同學交換零食，換到一條咖啡口味口香糖。我喜歡得捨不得吃，放在抽屜裡珍藏了許久。直到某日我去上學時，被我妹妹拆開偷吃了一片。

我還記得，當我在抽屜裡看見被拆開的口香糖包裝紙，好像看見通姦者散落在地上的衣服，遂那樣地爲被背叛的挫折感而痛哭（當然當時的我還不懂通姦這個詞）。

這就是當我看見這個蒐集瀕臨絕種的舊式口香糖的網站時，所想到的事。那些市面上再也見不到的口香糖包裝紙，整齊地排列在視窗裡。不是通姦者散落的衣服，而是像我們去佛洛伊德博物館或三島由紀夫故居會看到的那種，爲方便瞻仰已故名人而疊得特別整齊的衣服。

被妹妹偷吃的口香糖現在已經從市面上銷聲匿跡了。固×果餅乾棒到處買得到，再也不是委託行家庭的專利品。小學同學家裡的冰淇淋品牌一度中衰，直到最近才又推出新產品。我已不會再爲口香糖而流淚，或爲冰淇淋感謝×××，只是偶爾滑上網，發現在大西洋的另一邊有人和我一樣，對口香糖有著被回憶拉長了景深的奇特情結。

2. http://www.xpressweb.com/~jesse/duckville.html

本月份妄想症

惡意的快感

「這個遜！」網站 http：//www.xpressweb.com/~jesse/duckville.html

前陣子我讀了一本小說。平心靜氣說那實在是一本很不怎麼樣的小說。一般而言，讀到這樣的書只要把它丟回書架上就算了。可是那天我卻不是這樣做。我往下讀，遠超過我覺得值得讀的頁數。

媽的，這是本什麼爛書啊，這是什麼爛句子啊，這種東西寫成文字丟不丟臉啊，印這種書簡直浪費地球資源嘛，完全是沒有才能的人掩蓋自己沒有才能的事實拚命寫書的愚蠢示範嘛。

一種興高采烈的惡意在我心裡擴散。然後我意識到自己之所以還繼續讀那本小說，不過是爲了滿足自己在心裡謾罵的欲望。如果我覺得那本書不值得讀，我明明可以放下它，去拿另一本，或者乾脆走進客廳去看電視。可我還是坐在那裡翻那些書頁。

我以一種找碴的姿態，挑剔書裡的每一個用詞。是因爲腎上腺素分泌的關係嗎？

各種惡意的詞語湧上喉嚨，以平常無法想像的暴躁強度在我體內炸開。我意識到自己的腦子裡原來住了一個小法西斯，揮舞著拳頭，大聲咆哮。

那咆哮帶給我一種快感。無論我如何地不想承認。我有一種惡意的快感。

所以我完全可以了解像這樣的網站是怎麼產生的。站主邀請網友發表：「什麼遜？」（What sucks?）引來諸方網友留言，這個遜：

窮學生遜。要上課，要打工，要party，要念書，然後還是窮！

柯林頓和混帳及李奧納多狄卡皮歐並列，一樣的遜。

鄉村音樂，午餐便當盒，麥當勞。

科學家遜。他們沒告訴我們，就把我們的生活搞得一團亂。

唱Downtown Train的洛史都華遜，他永遠比不上湯姆韋茲。

韓氏兄弟和辣妹合唱團，遜。

笨蛋遜。滾進你的笨車開回你受精的笨城市。

當然也有心態很光明的人，列出他心目中的遜事：抱怨工作的人，不良態度，不快樂，只會發牢騷不知改進的人。但他還是粗魯地說，這些人，遜！

仔細想想，那都是微不足道的事。如果我們不喜歡，我們可以選擇轉開頭不看，就像我不喜歡那本小說，可以選擇把它送給喜歡的人。可是我們還偏執地咬著不放，某些莫名的惡意突然地吞噬了我們，我們在心裡，在朋友面前，在網路上，對著那些瑣碎的人與事，撂狠話。

並且我們其實享受了那惡意的快感，所以我們應該感謝那些遜人遜事，他們餵養了我們心裡那個小小法西斯的嗜血症候群。

本月份妄想症

變態e-mail網站 http://www.xpressweb.com/~jesse/duckville.html

聽說某些明星收到恐嚇信、用過的保險套、剪貼報紙文字拼成的「殺你全家」便條紙，以及深夜的騷擾電話。聽說柯林頓收到惡作劇e-mail，威脅要他性命。

這許多騷擾傳聞通常與我們無關，我們當中的大多數人既不會去騷擾別人，更不會被騷擾。被騷擾的人大抵是公衆人物。公衆人物目標明顯。像我們這樣的平凡小市民，是絕對不會被騷擾的。絕對。

做出如此結論之前請三思。因爲網路可以扭轉這一切。

在網路上，每個人都是半公衆的。當你在ICQ上註册，當你在BBS上留言，你就公開了找到你的途徑。如果你架起一個網站，讓人自由進出，你的公衆性就更不容置疑了。

公衆人物收到騷擾信，而諸多網民則是「變態」e-mail最直接的攻擊對象。網路爲我們打開了窗口。透過窗口找到我們的不只是熟人或友善的網友，還有垃圾郵件及種種騷擾性的e-mail。公衆人物在鎂光燈前成爲目標，我們在網路上成爲公衆人物。

這位名叫亞柏的站主，顯然是接收變態e-mail的行家。他在網站上設立了一個頁面——「本月份變態e-mail」。將變態e-mail以每月精選的方式公諸於網站上。

所以，這個月亞柏收到了什麼樣的變態e-mail呢？

「你是電話線另一頭的人，你是夜裡在我耳邊低語的聲音。你把我逼到瘋狂的邊緣，我再也受不了了。」那個寫e-mail的人如此說：「沒人可說我有被迫害妄想症。我是對的，你是毀壞這星球的邪惡黑暗主人。停止做那些邪惡的事！」這些譫妄以令人毛骨悚然的威脅作結：「無論你到哪裡我會殺你吃你燒你埋你。你躲不掉！」

整封威脅e-mail的最後，卻是一句相對平淡到令人發笑的話：「我在你的網站上看到一個字拼錯了。」難道他寫這整封變態e-mail的理由是一個拼錯了的字？我忍不住懷疑自己的眼睛。

我也曾經收過「變態」e-mail。那時我在愛丁堡，連續幾天收到不知從何而來的電子郵件，用極不通順的英文語法拼湊充滿性暗示的猥褻詞彙。

爲什麼是我呢？我不懂。我沒有網站，更別說在網站上拼錯字了。作爲一個外國學生，我是愛丁堡最不顯眼的人口之一。

在我利用網路的匿名性，冒充男性身分正經八百地回信詢問對方是否對男性戀情有興趣之後，那些e-mail戛然而止。冒充男生解決問題會使我腦中女性主義的那一部分稍微抗議，不過最後我還是決定以虛擬性別還諸虛擬性騷擾。

我始終不能確知那些e-mail的來處，也始終不確定他找上我的原因。向網路上來路不明的e-mail要求一個理由，從來就是過於奢侈的多餘。這一點，我想亞柏和我一樣清楚吧。

上網學養小孩

父母湯網站 http：//www.parentsoup.com

大約在安室奈美惠生了孩子之後不久。我的同齡朋友當中，也有了第一個媽媽。

正如同許多人難以想像十九歲的安室會變成什麼樣的母親。我也難以想像朋友成爲母親的模樣。因爲在我記憶的停格之中，她還停留在高中時代，那時，我們經常在同一個社團辦公室裡，端著便當聊天。

因此當我在朋友產後到了她家，面對抱著嬰孩的她，還以爲我們還在社團辦公室裡抱著便當聊天呢，忽然間，她手上的便當就變成了一個孩子。雖然熱呼呼的程度是不變的。

然而朋友豐富的育嬰知識嚇了我一跳。她指給我看她從美國帶回來的育嬰指南，那是她大部分育嬰知識的來源。她說，長輩們都笑她看書養孩子。

她口中的長輩大約覺得，生孩子哪裡是紙上談兵的事？可是對我們這個年齡的女生而言。因爲習慣把文字當成資訊的來源，總認爲書籍比口傳耳聽的祖傳祕方可靠得多。

不知道朋友的長輩們會怎樣看待這個網站。

這個網站名叫「父母湯」，看起來眞的很像父母的大補湯。裡面包含各種爲人父母的知識技巧：如何回答孩子的性教育問題、如何爲小孩取名字、怎樣爲小孩買東西……。

除此之外，你也可以上網和其他父母交換經驗，加入他們的討論群。每天早上九點到十點，還會有駐站醫師格林先生，爲大家解答寶寶的健康問題。所有父母常問的問題，都在這個網站裡。

這麼一來，我那朋友的長輩們想必會大驚失色吧。「什麼？上網學養孩子？」各位長輩稍安勿躁。畢竟每個時代對「可靠」資訊有不同的定義。終有一天網路會取得比育嬰手册更多的信賴。到了那時，全新的育嬰資訊來源，也會同時改變人類的育養經驗。

比如某個汽車的電視廣告，背景配音的男主角說：「在我小時候，晚上我生病了，父親著急地背著我，去看醫生。」多年以後廣告商也許仍然熱中打溫情牌，可是旁白變成：「在我小時候，晚上我生病了，父親著急地打開電腦，上網找醫生。」

那麼，會不會有那麼一天，我們不再認爲像安室那樣十九歲生小孩是不可思議的事，卻會驚訝地大喊：「什麼？不會上網怎麼當媽媽啊？」

不過，在那天來臨以前，我還有別的煩惱。從朋友家回來，我告訴媽媽：「我的朋友，就是那個高中時候來過我們家的那個××嘛，生孩子了呢。」

可是媽媽唯一的反應卻是：「對啊，妳看看人家！怎麼妳還不趕快安定下來找個好對象！」

像這種時候，我都覺得應該有人成立個「朋友生產我受害」網站，讓我們這些不和朋友同步結婚生子的女生團結吐苦水。

腦力的虛弱

道德辯護網站

http://www.moraldefense.com/microsoft

天空開始變色的時候，我爲城市畫地界。以我行走的路徑，將城市劃分爲我離開的地方，與我將去的地方。天空的晴藍逐漸變成墨黑，一個移動的界標，徒然地規範著永遠無法底定的地貌。

在「微軟道德辯護」網站前，我揉了揉眼睛，再揉一揉眼睛，看不出它與道德何干。

不用說，這個網站在微軟與網景之間的官司案裡，站在爲微軟辯護的一方。在這場風波中，似乎很少人同情微軟。對於那個不斷累積資產的全球首富，大家都相信他確實有完全壟斷市場的野心。網路上消遣比爾蓋茲的笑話已經太多了，當微軟早就既不微又不軟，相反地在市場上巨大又強硬，我們如何還能正經八百地思考微軟的道德呢？

這個網站，站在微軟的立場，痛斥反托拉斯法案威脅美國的商業生機。有個哈佛的經濟學家給抬了出來，當作呼籲廢除托拉斯法案的意見領袖。反托拉斯法案是對美國最成功的企業所實施的毫不客觀且充滿矛盾的控制。經濟學家這樣說。

可是，這一切究竟與道德何關呢？我又揉了一次眼睛。

若不是我眼花了，那便是道德的定義在我不知覺的情況下，改成「促進商業發展追求成功」。什麼人修改了字典，沒有通知我。

然而那辯護的心情我或許可以了解。我或許也時時想要爲一個人辯護。想要告訴他。買兩件衣服是道德的。每天下午一杯咖啡是道德的。想念一整塊巧克力蛋糕是道德的。對自己厭煩是道德的。摔壞音響是道德的。突如其來的暴戾是道德的。想背向世界逃走的念頭也是道德的。

想要告訴他，我爲他做的一切詭辯，是道德的。

對著鏡子裡面的他，我說：是道德的。我爲你辯護。

法國詩人韓波（A.Rimbaud）說，道德，是腦力的虛弱。我不服氣地想，誰說的，道德需要強大的腦力。你瞧，我如此絞盡腦力，爲一個人辯護。我如此努力，在道德的律法書裡尋找一條豁免令。因此道德被拉扯得稀薄透明。我目擊一個詞彙，失去了意義從字典裡粉碎掉落，在碎屑裡站起來，鏡子裡的他，道德殘餘裡的我。

在那個「微軟道德辯護」網站上，有一個明顯的日期錯誤。有一則新消息底下標示的發布日期，是一個還未到臨的日子。莫非與道德相關的議題，注定要有時間的錯置？

當那個日子真實地到臨時，我們已有了不同的道德。

一個移動的界標，徒然地規範著永遠無法底定的地貌。而韓波。我們親愛的詩人韓波說：「道德是腦力的虛弱。」

情緒敗血症

「這個炫！」網站 http：//www.xpressweb.com/~chamblin/whatrocks/

有時候，有些事好像可以幫大家想起生命裡值得讚嘆的事：比如說早晨的一杯好咖啡，讓你覺得雖然鄰居的狗春天還沒到就叫個不停，可是醒來還算是一件滿好的事。

可是，有時候這一切不過是反效果。咖啡煮焦了，味道怎麼都不對。說服自己，這樣挑嘴可不行喔，硬把一杯黑黝黝的液體當成提神飲料一飲而盡，這樣認命的結果卻引發一陣胃抽搐。忍不住想做出白鳥麗子的姿勢，說：「果然我是不能委屈自己的啊。」

一杯咖啡，同時具有兩種相反的品質。可能讓你覺得：這一天可能會很快樂。也可能是把一切搞砸的毒藥，胃痛不停，只覺得一整天都敗了。

有人在網路上架了個「這個炫網站」，想讓大家分享彼此生活中的好事情，當然也就眞的吸引了一些人，各抒己見。

有一個傢伙說成龍的電影很炫，打鬥超酷，尤其是他拿了一把梯子修理十五個人的那一幕。

另一個傢伙說電腦很酷，並且自稱在學校創下連續使用電腦三十六小時的紀錄，還叫大家e-mail給他。

還有一個人說他不是處男，說這樣很炫。

但是，另一方面這個網站又吸引了更多持另一種態度的人。有人惡意地說這個網站遜斃了。好幾個人留言應和，說和這個網站相連結的「這個遜網站」才炫。好像大家並不那麼喜歡去想生活裡的炫事，寧願湊在一起吐槽。

這麼一來，「這個炫網站」也就如同一杯煮壞了的早晨咖啡。原是爲了滿足某種感官或情緒而存在，卻變成敗壞的本源。

有一次在醫院目睹祖孫三人就醫記。祖母不知爲了什麼緣故，進了內科部門。兩個孫女買了便當來探病，三個人就坐在醫院的椅子上吃喝起來。一個穿白袍的醫師經過，驚訝地說：「阿婆，我不是叫妳別吃東西嗎？等會兒要做檢查啊！」

阿婆掩著嘴吃吃笑了出來。

「別再吃了喔！」醫師嚴肅地說。

可是醫師一走，兩個孫女就對她們的祖母說：「反正都吃了，乾脆把它吃完嘛。」於是阿婆又開始吃她的便當，老實說那便當看起來還眞的滿好吃的呢。

這時，醫師又再度出現了。

「阿婆！我不是叫妳不要吃了嗎？」醫師皺著眉頭，很困擾的樣子。

要是平常，一個讓老祖母吃得津津有味的便當，眞的是一件滿不錯的事。可是這樣的天倫圖，想必讓那位醫師很想口出惡言吧。

下次我連上那個網站時，要在上面留下這樣的答案。什麼炫？在醫院裡讓一個阿婆忘記自己應該乖乖聽醫生話的便當。

活得像一句廢話

算命網站

http://members.aol.com/im4tarot/fortun4u.htm

對於命運的關心，在網路上極爲流行。番薯藤統計的熱門一百裡，星座占卜網站永遠占住前幾名。

也有紫微斗數的網站，通常你輸入出生年月日，就可窺看對你命運的種種解釋。

也有抽籤的網站，設計成籤餅的形式，選一個籤餅，它給你一則語焉不詳的格言。因此往往你打開一個籤餅後，還需要再開一個籤餅占卜前一個籤餅到底是什麼意思。

這個網站則祭出塔羅牌。按下紙牌圖案，就會自動抽出一張牌來爲你占卜，附有解釋數則，愛情事業健康一應俱全。比如說這次我抽到的是「八個五星錢幣」牌。據說是會有偏財運的意思。因此我非常希望這個算命網站是準的。

於是想起我的一次「算命」經驗。在愛丁堡的時候，有一次在喬治四世橋上看到坐在路邊的流浪漢，向我要些零錢。我從口袋摸出了五十便士給他，那流浪漢便用很豪爽的聲音跟我道起謝來，一面還說：「我會算命喔。」

我會算命喔。他說。我看看。妳是從很遠的地方來的吧？妳旅行了很遠的路途吧？

一個在愛丁堡街頭的東方女孩，任何人都看得出來，我不是本地人吧？但是，基於某種或可稱爲僞善的好人做到底想法，我在那五十便士之外，又附帶贈送了我的「苟同」之詞。

是啊是啊！你說的沒錯。我說。很準喔。

這麼一來這位橋上的算命仙忍不住露出得意洋洋的表情。我就知道。他說。接下來「常搭飛機」「曾經搭飛機飛越海洋」等廢話型算命陸續出口。

一個路人走過，大概以爲我被那個流浪漢纏住了，一面向流浪漢投下一些硬幣，一面對我說，「妳要不要走呢？」好像想把我當成違禁行李，從流浪漢面前偷渡出去。

後來我並沒有接受這位路人替我準備好的下台階，因爲不時說出「苟同」之詞的那個我又冒出頭來，對我說：這樣子站起來走人對這位算命流浪漢太不禮貌、太傷人了。因此我又在那橋邊多蹲了幾分鐘。

但是我眞的謝謝那個路人。至少他曾經試著把我從我的命運解救出來，使我的命運免於變成永無止盡的廢話。所有的算命都有這樣的傾向。用幾個簡單的句子，歸納一個人。長則一生，短則一週。

而網路算命免去了掐指算來或撫摸水晶球等創造神祕氛圍的動作，一張隨著滑鼠按鍵翻開的牌，透露運勢密碼，直截了當得令人害怕。

生命總冒著變成一句廢話的危險。這個算命網站，帶我回到了愛丁堡的那座橋上。

到此爲止

鳥事網站 http://host.fptoday.com/debzone1/

鳥是一種奇怪的動物。

衆多物種中，鳥類最常被望遠鏡觀賞。常常聽說有賞鳥活動，卻很少聽說有賞猴子賞兔子賞烏龜的。爲什麼人那麼愛拿望遠鏡看鳥呢？是不是因爲人類藉由看鳥滿足「可以飛眞好」的想望？還是因爲人類認爲「不能飛眞好，站在地上多安全」，所以喜歡去看鳥以滿足自己生爲不能飛的萬物之靈的自傲？

這個問題暫時無解。

可以確定的是，因爲技術變異，遂產生不同的賞鳥法。

最早我們在自家陽台用肉眼賞鳥。看一隻在陽台蹦跳的麻雀。看見牠的同時聽見牠的聲音。小心翼翼地靠近，生怕驚動了牠。眞的是非常小心喲。連自己身體移動時的影子，都在算計之內。

然而那麻雀不必轉頭，不必撲翅出聲，好像容忍著你慢慢慢慢接近。可是牠自有一個「到此爲止」的界線。等你靠近牠到一定地步了，牠便毫無預警地騰空而起。

事情一旦至此，那就別想了。只好任自己的視線隨著鳥身撲進天空裡，或是落進別人家陽台，夾帶惋惜的喟嘆。

「哎呀！可惜。」

現在我們到網路上賞鳥。有人在自家院子裡架起網路相機，在網路上現場轉播他們家後院的鳥事。

可是每次我連上這個網站，應該是相機鏡頭拍到的畫面的位置，經常都破圖。到現在我還沒看見在這位站主家後院活生生地跳動著的鳥。雖然從其他照片看來，他家的後院的確滿氣派的，還有些形狀頗爲古趣的石雕。

看不到鳥事轉播，只好看網路相機拍到的照片檔案。鴿子與麻雀自然是最多的。看到幾隻英文叫做「北方紅主教」的鳥。在螢幕上定了格。不叫不跳。好像文藝復興時代那些半身人像裡的主教們，在畫框裡安靜地用莊嚴的表情表演一個時代的人觀。

想到簡媜的一篇舊作。寫她試著捕捉一隻飛進她房間的鳥雀。那樣小心進退。拿家裡養的鳥誘牠，等牠累。忽然也想要接近一隻雀。想要接近到可以聽見拍翅聲音的距離。

施工中

工地網站 http://www.cs.utah.edu/~gk/atwork/

網路是一個巨大的工地。你會同意的。因爲你也有這樣的經驗。打上長串網址，然後非常解high地發現，網頁還在站主編輯中。

這樣的情況太多了。如果把網路當成一個城市，那一定是捷運工程開挖時的台北。馬路肚破腸流，地面翻覆成一道道傷口。除了捷運路線沿途線狀的工地，到處有點狀的工地，蓋了一半的企業大樓、打掉了一半的老房子，各種商場建築、新建住宅，先化身作地面上一個挖開了的傷口，然後像傷口上長出的息肉一樣，逐漸彌合組織，向上長，向兩側長。

網路就是一座永遠在進行工程的城市。有的工程是全新的站，才剛鍵入網址，就被一個施工中的訊息擋住了。那時站主還在絞盡腦汁想，該放些什麼內容在他的站上。有些是部分整修，網站照常營業，僅有部分網頁在你試圖連進頁面之時，給你一個「很抱歉，目前本頁修改中」之類的訊息。甚至有時連這樣的訊息都沒有，就是硬生生地連不上去。你忽然發現自己被工地的圍牆擋在外面馬路上了。你好奇地想窺探工地內部到底在做什麼大工程，卻不得其門而入。

對啊，在這個虛擬的空間裡，你看不到站主不要你看到的東西。不像我們城市的工地，還可以爬上圍牆偷看一下。網路上的工地完全沉陷在你無力到達的地方。

這個工地網站的站主自然深深明白，網路是一個大工地的道理。他想必也常有連上一個站，卻發現網站還沒完成。他想必也好奇，站主到底在搞什麼飛機，卻發現唯一可得的資訊是網站施工中的符號。

所以他決定善用這唯一的資訊，蒐集了好幾款網站用的「施工中」標誌，在每一款旁邊加上戲謔的註解，猜測站主腦袋裡想的是什麼。比如說一個小人持鏟子挖砂石的圖案，根據這位站主，暗示著使用者「還沒習慣網路是極端流動和動態的資訊科技」。樂高起重機圖案表示：「我真的相信我是一個有趣而且有創意的人。雖然實際上不是。」更無厘頭者則如一輛火柴盒卡車表示：「我經常更新我的網頁。爲了證明起見，給你看我童年玩具的圖片。」

你想，倘若網路上的工地，也如城市的工地般，是彌合中的傷口，那麼這個站主倒是在傷口上撒起鹽來了。站在修繕不全的開口上，因爲看不到裡面進行的工事，只好對著開口自身品評起來了。

然而你也知道，網路上的開口總是無盡大，總是敞開，像一個兜兜轉轉，說不攏的故事。

沒人知道爲什麼

廁所之旅網站

http://www.nutscape.com/

當電影《麥迪遜之橋》大賣，生長在麥迪遜的這兩個人決定來一趟麥迪遜橋之旅。於是旅程這樣開始。一輛車駛上了路。一個男孩和一個女孩。男孩在麥迪遜郡長大，但是從沒看過電影裡的那座棚橋。那麼便一起去罷。男孩和女孩相約。這聽起來像是一趟浪漫的回鄉之旅。男孩帶著心愛的女孩回到自己的家鄉，去看自己長大過程中的一切……

聽起來像是，實際上也大可就是如此。男孩和女孩沿途尋訪麥迪遜郡的橋，並且沿途注意廁所。

首先來到麥迪遜商業會館，要到了幾張地圖。會館是非常新英格蘭風的那種紅磚房子。白色窗櫺。墨綠遮陽棚。廁所的門上寫著「羅勃金凱」。一個名字。沒人知道爲什麼。金凱是蘇格蘭姓罷。想到新英格蘭早期移民史上那麼多的蘇格蘭人，這個廁所門遂也充滿新英格蘭風味了。但在美國你想必很容易碰見蘇格蘭姓愛爾蘭姓英格蘭姓德國姓義大利姓，那蘇格蘭姓爲什麼在廁所門上沒人知道。洗手槽和鏡子位在馬桶側後方，很多廁所都是這樣。這樣不錯，不會看見自己蹲馬桶的驢相。至於清潔劑和洗刷布放在洗手槽上，沒人知道爲什麼。

霍格別克橋。賽打橋。郝力維爾橋。男孩和女孩尋訪一座座的橋，擠開別的遊客，卡照相的位子。然後他們走進一家咖啡館。一家咖啡館名叫北方。一家咖啡館克林伊斯威特來過的。電影《麥迪遜之橋》在這裡拍過。女孩走進去，坐在據說是克林伊斯威特坐過的凳子上。然後他們又去了廁所。很可能克林伊斯威特也坐過那個馬桶的。洗手台用暗色木頭櫃裝架起來。廁所裡看起來是有兩個隔間，用和洗手台一色的暗色木頭屏擋開來。一間是坐式馬桶，一間是男性用的站式小便斗。可現在爲了方便拍照，兩扇暗色木頭門被攝影者敞亮地打開。坐式馬桶和站式的小便斗並列，各自在小隔間裡泛著勉強的青白色，像是等待被指認的犯人。在一家名叫北方的咖啡館裡。

然後在另一座橋之後男孩和女孩去了麥迪遜法院。女孩去上了廁所。廁所在二樓。走上長長的階梯，推開沉重的橡木門。那廁所是乾淨的。細小的黑白拼花瓷磚鋪滿地板。那鏡子素樸地懸在牆上，連裝框都沒有。一個白瓷洗手槽，孤零零地在角落裡。

最後是加油站的廁所。進電影院前他們去了加油站的廁所。真不敢相信。水箱上還擺著乾燥花。攝影角度清楚可見，垃圾桶裡用過的衛生紙。

於是一趟旅程結束了。一個男孩和一個女孩。是否因為廁所而墜入情網不得而知。然而那確實是關於自小成長的故鄉的一趟溫馨之旅，遍訪了成長過程裡每天非去不可的場所。

鈔票聖誕樹

金錢萬能網站

http://www.geocities.com/Athens/Oracle/2619/money

錢之所以多多益善，不是因爲紙鈔印刷精美，或是銅板上的頭像具有偶像明星的魅力，錢的價值在這有形的外表之外。它所能換來的商品或服務，才是鈔票的作用與魅力之所在。

相信大家都同意吧？

這樣一來，這位站主仁兄顯然是反其道而行了。他當然也會使用鈔票購物。不過他還看見鈔票本身的價值。他用鈔票摺紙，摺出靴子、扇子、蛇、帆船、襯衫、蜘蛛、耶誕樹、領結、蝴蝶、眼鏡等等。我們進入他的網站，意識到自己長期地忽略鈔票本身的功能。鈔票不只是錢，它最根本的存在是一張紙嘛。而且紙質相當不錯呢。

那感覺就像是英國的電視喜劇豆子先生（Mr.Bean），豆子先生到公園野餐時，從口袋拿出信用卡來刷奶油。我們看到這裡會心一笑，對啊，信用卡也可以這樣用嘛。到底貨幣的價值是附加的，可是信用卡那樣長方形的塑膠片本身，無論刷爆了沒有，總也有些用處的。

然而鈔票到底不只是一張紙，因此這位站主的嗜好也有特別的用處。他說他總是把鈔票摺成各種形狀，用來付小費。此中心態爲何，不得而知。但容易理解的是，由於小費經常以順手留在桌上的方式付出，因此貨幣被檢看的程度也最低。不像我們進商店買東西，如果拿的是千元大鈔，店員就免不了要舉起鈔票，對著光，找那個輪廓灰濛濛，臉上還被當作計算紙的先總統蔣公。當小費的鈔票通常是零頭，服務生就算急著想統計今日所得，也要等到客人出了門，才把銅板紙鈔掃進口袋裡。這麼一來，站主的奇形怪狀鈔票也就矇混過關了。

我們想像這位站主在餐廳吃完一客羊排，留下一張耶誕樹鈔票。那個收小費的服務生一看就傻了眼，這下子他得傷透腦筋，看要如何把那張鈔票完完整整地攤開，而不至於撕破損毀，好拿著那張鈔票到便利商店去，買一罐可樂。

或者也許服務生試了兩下終於放棄了，把鈔票耶誕樹留下來，等到下次他被服務的時候，也把鈔票耶誕樹當成小費付出去。這樣就省了麻煩，把拆解鈔票的難題丟給了下一個服務生。這麼一來，這位站主的奇特嗜好，就隨著服務的關係鏈，一路轉手。由被服務的人交給服務的人、一家店到另一家店。一棵耶誕樹，當作一點服務的交換。

也許就眞的沒人把那張鈔票摺紙打開來。那美金一元的幣值寄生在這棵荒謬的樹裡，好像包在巨大樹瘤裡的一個久遠的祕密。再沒人在乎那張鈔票是否能被打開來檢驗眞假。重要的是不間斷的轉手，使那棵鈔票耶誕樹成爲服務者與被服務者之間連結的證明。

電子吻

親吻網路

http://www.e-kiss.com

戀人們爲什麼喜歡親吻？爲什麼不是鼻尖，或是耳朵，或是單只臉頰的碰觸，爲什麼偏是四瓣嘴唇的貼合，最容易引起戀人的情欲與想望？關於這個問題，我一直很好奇。

可能因爲嘴唇的位置。使親吻中的戀人五官貼近。透過五官我們觀看言說傾聽與嗅聞，因此恍似靈魂的器官。五官貼近時，我們便相信靈魂也接近。除此之外，我們如何能抓住眼前這個戀人隨時可能消失的形影呢？

逛上這個親吻網站時，我剛給自己弄了一個新的電子郵件信箱，決定給自己送個「電子吻」，當作新信箱的第一封郵件。網站上有很多種類的吻可以選擇，激烈程度各自不同。因爲好奇，我替自己選了吸血鬼之吻。

《山海經》的北山經裡，有一種怪魚叫做何羅之魚，「一首而十身，其音如吠犬，食之已癰」。我那本明文書局版的《山海經》，上頭畫了何羅魚的模樣，一個扁闊的魚頭連了十條魚身，並且像把頭髮中分似的，五條五條各在一邊。

我還記得初次讀《山海經》時，我納悶地想，這種魚吃了可以消除癰腫？怎麼魚自己肥腫至此？十隻魚身擠在一個魚頭後，我好像可以聽見那十個身體們在紙上，扭動拍出水聲，爭搶著發生在那小小顱腔裡的感覺的主控權。

倘若何羅魚懂得接吻，如一雙櫻花鉤吻鮭各自從碧綠潭底的一隅，游過陽光爛爛的水波，終於相逢於湖心。兩條何羅魚頭臉親近，口唇疊合。那時二十隻魚身便興奮地顫動，魚鰓張噴出歡悅的水流，魚尾拍打著欲望宣洩的節奏。那時我們是不是就看見一個親吻，因為身體的十倍複製，而顯露十倍的感覺強度，十倍的欲望顫抖？

如果何羅魚懂得接吻，那會是一個從單一主機貫通十個終端機的吻。可是《山海經》畢竟沒有提到何羅魚接吻的事。一切僅只是我超出控制的想像。猶如當我收到自己寄給自己的那個「電子吻」時，意識到那由親吻網站中央控制的吸血鬼之吻畢竟僅止於螢幕上的觀賞，不會有任何實際感覺。對於這點我們是應該覺得慶幸的，那使我們不成為何羅魚的一個身體。

更了解你的朋友

占星網站 http://astrology.net

在我的朋友當中，流傳起關於某個占星網站的情報。上網看過自己的星座分析的朋友說，很準呢。

其實說起來，我們也不算對星座特別認眞吧。只不過當特定情境出現在對話當中時，不時會引發「你眞的是超級處女座」、「這眞是典型雙子座反應」之類的評語。所有的人也就習於將星座術語當作語彙的一部分，紛紛點頭同意。

自然，也有仗著自己星座常識豐富，而做出白目表現者，例如，在別人忙於舉證歷歷，分析他所做的某件事乃是因爲雙子座個性如何，理直氣壯地回堵一句：「不，這是我的月亮星座巨蟹座的性格。」完全不自覺他這樣耍小聰明的口氣，本身就滿雙子座的。

無論如何，星座的語彙十分好用。就好像湊在一起總是談股票的人，自然也有股市特殊的語彙，想跟男友分手時便說：「我們辦理交割吧！」這些共同的字彙使他們的對話方便不少。我和我的朋友們也是這樣，並不是特別迷信星座，只是習慣在對話中穿插大家都熟悉的星座語彙，並且聊天聊得比別人認真而已。

網路向來是各種星座常識或知識的大本營。每隔一段時間我總會收到網友轉來各種與星座有關的e-mail，十二星座同事、十二星座上司、十二星座情人，各是什麼樣子?甚至十二星座的貞子，各有什麼嚇人方法，都能洋洋灑灑頭頭是道。至於這些e-mail的原始出處爲何，已經追究無方。

與占星有關的網站也是掛滿網。這個網站不過是剛好在我的朋友群中流傳開來罷了。進入首頁，你可以輸入自己的生辰年月日及時間、地點，以獲得一個免費的概略分析。如果想進一步知道近期運勢，那就得付費了。不過，在純屬好奇級的星座語彙愛用者眼中，免費的資訊已經很夠我們用了。

不過，因爲網站所提供的分析全是電腦程式做出來的，因此兩個太陽星座相同的人會有一段幾乎完全一致的分析。網站也會不定期提供最近的星象資訊。例如最近的一則是：太陽進入巨蟹座。這樣的資訊對我這種層級及星座迷毫無作用，但到底給了這個占星網站一種與時俱進的外觀。

經過一番認真的聊天，運用了我們所知的各種星座學術語，我和我的朋友終於完成一連串令人滿意的彼此分析。在對話的最後，我的朋友愉快地說：「嗯，這樣我又更了解妳了喔。」我也隨之露出幸福的笑容。畢竟有一個願意花時間了解你的朋友是件不容易的事，雖然我知道這一切多少是因爲我朋友是月亮在水瓶的處女座，這樣的人最會對朋友付出溫暖的關懷了。

生命是要命的

預知死亡網站 http://www.deathclock.com/

二〇三〇年四月二十日。那是一個星期六。非週休（如果那時候隔週休二日的規矩還適用的話）。那天是什麼天氣，我不知道。那時這城市會有幾條捷運，我不知道。常去的那家書店，空調的冷空氣裡是不是還絞鎖著咖啡香，我全然無由知道。

我會在那一天死去，根據預知死亡網站。我打上上一個句點時，還剩971,916,045秒的生命。

進入那個網站，鍵入你的出生年月日。鍵入你的性別。設定你的人格選項：一般、悲觀，還是虐待狂（沒有樂觀者的選項，因爲站主說樂觀主義很遜）。

然後螢幕顯示一個死亡鐘。告訴你你的預知死亡日期。底下是一個讀秒器，你剩餘生命的秒數，不斷在減少。那個數字十分龐大，對數字很沒概念的我必須從最後一位數開始算起，個、十、百、千、萬……，才算出原來我的生命還剩下九億多秒。對於在報章雜誌上看到億萬富翁排行榜評比時，就「喔」的一聲像看外星人一樣把報紙翻過去的我來說，這恐怕是我的生命唯一與「億」扯上關係的時候。

二〇三〇年四月二十日，感覺好遙遠，但那死亡秒數確實是一直在減少的。終於會有一天，像是每年過年前一晚，在黑夜的狂歡派對中爆出計數的喊聲，十、九、八、七，那只死亡鐘也會在我的死亡逼臨前，如此倒數著我的死期吧。

然而死亡到底沒有那樣確切的時間。即使這個網站告訴我們的預知死亡時間，也不是準確的預知。仔細閱讀站主的解釋，就會明白，站主並不是用某種神祕的占卜法預測死期，那只死亡鐘，其實用了最簡單的方法——將每個人的出生年月日，加上不同性別不同人格的平均壽命，就算出了一個人的死期。

那當然不會準確。眞正在平均壽命那一天死去的人，恐怕世上也沒有幾個。

然而那死亡鐘確實成功地創造了一種時間正在流走的感覺，雖然我們可能是用玩笑的態度看待它，把它看成網路上衆多黑色玩笑中的一則。「生命是要命的」，站主這樣寫，確實如此，出生那天起我們的死亡鐘便開始計時。

時間總是不夠。並不是因爲我們要做什麼，而是我們什麼都不做。什麼都不做的時間總是最少。我們在黑暗中維持著舒服的姿勢，耽溺在這不年輕也不老的幾分鐘裡，和時間耍賴。可是我們又不由得頻頻看錶。那時針與分針的角度不斷改變，提醒我們時間快用完了。

時間快用完了。不只這個夜晚將盡，生命也正如此地被催促著。

3. http://209.208.235/imagine/warning.html

世界正在繁殖中

八卦之外的沉默

挫折網站 http：//members.aol.com/harryangel/

其實，這是一個令我感到悲傷的網站。

這位站主自封為「挫折的米基路克迷」，他說，因為每當這位影迷想好好地蒐集一些關於米基路克的演藝事業，及他主演電影的資料，找到的總是不離八卦、緋聞或醜聞。

八〇年代風靡一時的米基路克向來是個爭議性高的人物。出身邁阿密貧民窟，青少年期打過棒球、玩過拳擊，當過小混混的米基路克，開始當演員以後一直不改特立獨行的行徑。以至於一舉一動老被媒體拿來作文章。

米基路克和《野蘭花》女主角歐緹斯假戲眞做、米基路克不洗頭、米基路克在服裝秀上發飆……。關於米基路克的種種消息在八〇年代尾、九〇年代初確實很多，但幾乎都和他的私生活有關。他的私生活實在太適合登作小報頭條，當作茶餘飯後閒磕牙的話題了，誰還會把眼光放在他的電影上頭呢？

於是有一段時間米基路克是媒體鍾愛的獵物。爾後便是沉寂，完全的沉寂。米基路克幾乎是消失了。

你也許會覺得，不過又是另一個好萊塢巨星的衰敗史嘛。他紅了，他開始耍大牌，他開始私生活敗壞，他老了，他過氣了，他的片約越來越少，他被遺忘了。終於有一天所有的人都知道李奧納多迪卡皮歐，卻沒幾個知道米基路克。

這時有這麼一個影迷，一個受挫折的影迷，他眞想知道米基路克。他上網、他翻報紙，然而無論用何種搜尋法，他總是被引向米基路克的八卦。他要尋找的米基路克閃躲在八卦的迷宮裡。除了那些八卦之外便是沉默，媒體沉默著不說，因爲米基路克已經被遺忘了。

《天使心》裡的巨大風扇帶著沉悶的聲響旋轉起來，米基路克在戲裡想起他原來是另一個人，某個夜裡在街上被魔鬼的手隨機地選中，置換了身分與靈魂。米基路克的影迷試圖剝開迷陣般的八卦，去找那以外的米基路克。

可是，除了那些八卦之外便是沉默。

他是挫折的。一個挫折的影迷。

因此這個網站令我感到悲傷。如同有時在夜裡想起一種氣味，一種聲音，卻發現自己已抓不住那氣味與聲音的來處。記憶一個人的形體身影有千百種方式。每一種都足以導致挫折與迷失。

苗條的旺季

減肥網站 http://cyberdiet.com

夏天才剛開始，大家就爲了某某明星減肥成功到底是抽脂的，還是運動加飲食控制的結果吵個不停。

這可眞是糟糕。火氣這麼大的話，大家是沒辦法好好度過夏天的。而夏天才剛開始呢。

夏天不就是當你收起長袖衣服，開始想穿得比較涼快的時候，忽然發現「啊，又胖了」的時候嗎？想去游泳，換上游泳衣時，忽然發現形狀較去年膨脹許多。以爲游泳衣放了一個冬天，放變形了嗎？也算啦，算是被游泳衣下面的身體撐變形了。

尤其這時候電視明星和雜誌上的模特兒，紛紛穿得涼快向你炫耀他們的瘦骨嶙峋。瘦到鎖骨突出，瘦到腿好像隨時會從腳踝的地方斷掉。

這種時候大家忽然開始想減肥。美體中心業者忍不住笑了。不管他們的廣告藝人到底是抽脂的還是運動飲食減肥的，總之夏天來了，旺季也來了。

網路上當然也有專門討論減肥的網站。比如這個標榜健康減肥的網站，提供了型類類的訊息。首先是一些自我衡量的方法。類似性質的東西在許多書和雜誌上都看得到，可是很受歡迎的。按照網站上提供的方法，可以算出自己的身材比例類型。對於一看到心理測驗就忍不住要做一下，看自己是屬於哪一型的人而言，恭喜你，你又可以看一下自己脂肪分布的類型了。

網站上還有各種食物的卡路里計算。看到那麼多食物都被拿來做熱量分析，我想常上這個網站的人，可能吃每一口食物的時候，都先在腦海中輸出卡路里數字值吧。

不過我想最能發揮網路功能的，是討論區的部分。在聊天室裡，減肥志願軍們互相打氣，傳遞小祕訣。另外還有成功案例，用來互相期勉，一定要堅持下去。整個討論區塑造出來的氣氛，讓你覺得減肥是一種需要互相扶持，互相打氣的事業。身體不是自己的。大家一起共有身體，一起試圖重新模塑身體。

如同許多報章雜誌媒體的報導，這個網站令你覺得活得健康苗條是必要的道德。你需要一點意志力，你可以向討論群借用一點意志力。把自己的身體當作一個孩子來照顧，拿高纖自然食品餵養它，到健身房教化它，直到它瘦下來。

那果然是需要意志力的。不過夏天才剛開始，你的意志力有足夠的時間去變成討論區集體念力的一部分。

腳踏不實地

靈異腳趾網站

http://www.pacificcoast.net/~rick

這位仁兄把他的腳拇趾放上網了。

就好像人要照相前都會下意識地正一下衣冠，這位仁兄看來也頗花了點時間把腳拇趾清洗乾淨，腳趾上的繭或老皮的情況看起來不太嚴重，是否去過角質不得而知。不過腳趾骨節下方那一撮毛倒沒刮去，一根一根在相片裡照得非常清楚。

他很細心地替他的腳趾做了一個背景紙板。在深藍色的硬紙板上挖了個洞，讓腳拇趾伸出來，這樣就不會被旁邊的其他腳趾搶去鏡頭了。

這位仁兄爲什麼對他的腳拇趾這麼好呢？原來他的腳拇趾可不是一般的腳拇趾啊。據他說，他的腳拇趾可以預測地震呢。

他的腳趾曾經因爲踢足球的關係受傷。後來就一直有個不足爲外人道的毛病。那就是，腳趾莫名其妙地癢啊。爲了證明所言不虛，這位仁兄還把他常用來搔癢的工具一併放在網站上。計有：硬度不等的梳子、刷子數把，豬鬃，硬毛地毯等等。看起來是架式頗爲到家，好像眞的很注重搔癢的樣子，當然也令人恍然大悟，他的腳趾頭皮膚狀況看起來頗過得去，想必就是這樣天天去角質得出的效果吧。

即使如此，他的腳癢仍然一癢起來就沒完。造成許多令人難堪，甚至難度頗高的摳抓動作。再不然就是在晚上，癢到令他難以入眠。

直到有一天早上，他醒來，發現睡了個好覺，腳趾整夜都沒發癢。也眞是難爲他了，這位仁兄竟然爲此欣喜若狂，非常不習慣地開始問：爲、什、麼？

問起爲什麼，那就麻煩了。腳趾頭本來就是沒頭沒腦地癢了起來，這會兒也沒頭沒腦地不癢了，哪裡有爲什麼呢？人類對因果律的執迷可眞是無遠弗屆啊，一顆蘋果從樹上掉下來，一對情人分手了，一個政治人物開始做起一國兩國的算術題，大家便都異口同聲地問：爲什麼？

可是腳趾頭不癢了眞的沒有軌跡可循。這位仁兄卻還鍥而不舍地往各種不可思議的方向找原因。他翻開當天早上的報紙，神戶大地震的頭條新聞在他面前散發濃重的鉛字油墨味。

就是這個！他在心裡大叫，從椅子上跳起來。

這就是他的腳趾頭如何成爲預測地震的靈異腳趾的經過。大家都懂了嗎？好極了。現在我要去翻報紙，爲我額頭上那顆痘子找原因了。

出名出到火星去

火星網站 http：//spacekids.hq.nasa.gov/2001/

我一面聽著Mazzy Star的音樂，一面上了這個網站。

那是美國太空總署（NASA）成立的網站。二〇〇一年四月十日，他們發射探測太空船到火星，預計於二〇〇二年一月二十二日抵達。如果你在網站上登錄你的名字，NASA將會把你的名字燒進光碟片，帶上火星。那麼，你的名字就會出現在火星表面。

想必火星人們不會有和地球光碟片相容的光碟機，因此你的名字封印在光碟片裡，好像密封在冰層裡的冰河象，陷入永恆的沉睡。就算火星人們真的讀得到光碟片裡的資訊，你的名字對他們而言也不過是一組亂碼。

無論如何，這個在火星上簽名的活動，倒是挺受歡迎。目前已有四十八萬人興致勃勃地署名。將自己的名字送到異星球，大概是許多人無法拒絕的誘惑吧。好像我們小時候都在桌上刻過自己的名字；情侶躺在草地上，一面情話綿綿，一面用杜鵑花瓣排出對方的名字。一種到處留名的衝動。

只有少數人可以把名字以外的東西送上太空。死於一九九七年的地質天文學家蘇梅克，因健康因素未能完成太空人之夢，死後由「月球探測者號」衛星，將他的骨灰撒上月球表面。他燒化了的身軀粉末，成爲月球上的第一批殖民。未來當地球人上月球觀光，每一腳都可能踩在蘇梅克化爲月球土壤的粉末上。

要將骨灰送上月球並不是人人都辦得到，但是現在，將自己的名字送上火星卻再簡單不過。名字是我們可以丟出去，用來象徵自己的最廉價的分身。

我猜想，在太空火箭升空的那一刻，所有在網站裡登錄了自己名字的人，都將歡欣不已，爲自己的名字進入太空這歷史性的一刻歡呼。

然後呢，再一次地所有的人又回到日常生活中。一張失落了光碟機的光碟片，數十萬個將所指對象失落在宇宙另一端的人名，將在火星表面上靜靜地躺著。

Mazzy Star的音樂眞的很棒，我如此對自己說，意識到自己也在指陳一個名字，中文譯名叫做迷惑之星。

而火星上的名字弔詭地失去了它們的主人。它們唯一可能的發聲方法，是當大氣層捲起科學家們正密切研究著的風暴時，那些名字因爲光碟片受到了風的震動，而在背向太陽的火星之夜裡呼呼作響。

被騙要甘願

唬人魔術網站

http：//www3.mcps.k12.mb.us/users/rsfay/magic/eyes.htm

曾經有一段時間大衛魔術非常地流行。那是八〇年代吧。長得頗有觀衆緣的大衛考白菲用他那雙手指纖長的手，對著蓋著桌布的平台比來比去，平台上的女助理就不見了。直到魔術快結束時才不知從哪裡跑出來，中間可能去了廁所補妝，還是到後台跟道具師父借一根菸哈。

後來大衛考白菲和超級名模克勞蒂亞雪佛談了場戀愛。起因於有一天大衛考白菲表演的時候，克勞蒂亞雪佛意外地出現在台下，當場被邀請上台參加表演，把女助理留在後台補妝或哈菸。這招自然引起觀衆的騷動與讚嘆。克勞蒂亞雪佛與大衛考白菲也在那次表演中一見鍾情，爲俊男美女戀史再添一筆。

可是，這魔法般的浪漫戀愛，卻有一個不太光彩的結局。有好事者抖出一份文件，是當初大衛考白菲和克勞蒂亞雪佛簽訂的密約。我們的魔術師大衛付給名模克勞蒂亞一筆錢，請她來看表演，並且「意外地」被大衛發現。像是王子迎接盛裝的灰姑娘跳起宮廷舞一般，大衛將克勞蒂亞請上台表演。當然，該怎麼配合魔術的機關，使表演看起來逼真，也是事前演練過的。

密約一被公開，當然對兩個人的形象大傷。可是，在魔術的世界裡要求真實，是不是太吹毛求疵了呢？

前一陣子很流行這個魔術網站，很多人都被唬到了。基本上是一列撲克牌。你先任選一張，在心裡用力地默想（所有魔術都來這一套）。螢幕再度出現撲克牌時，你所試想的那張牌便消失了！

很多人眞的都被唬到了。仔細看看，其實所有的牌都被換成形狀相似的紙牌。一般人只會記住自己默想的那張牌，而不會注意其他，才會沒看出其實螢幕上根本就是另一組牌，換句話說，不管你默想的是哪一張，都已經「消失了」。

那陣子我至少收到三、四個不同來源的e-mail，告訴我這個網站。從e-mail標題就可以判斷寄送這則消息的人有沒有被騙。「很唬人。」——這人是徹頭徹尾的懷疑主義者，不挑出毛病誓不罷休。「挺有趣的。」——這個人可能一開始被騙，後來就看出破綻了。「很神奇喔！」——那就是被騙得死死的，到現在還搞不清楚那個網站是不是眞的會讀心術。

倒不是說被騙的人就眞的比較笨。魔術其實常是你情我願的騙局。大家都知道是假的，但是魔術師精心表演得不露痕跡，大家也就心甘情願地付出掌聲。重要的是表演過程，而不是事實的眞假。

愛情是不是也是這樣呢？請問大衛先生與克勞蒂亞小姐。

動物媒人

寵物網站

http://www.aol.personalogic.com/?product=pets,aolc

不知電子鷄的熱潮過去後，眞正的寵物們是否鬆了一口氣：「主人的眼光總算回到我們身上了。」反對用電子製品取代有生命的動物的人一定也很高興：有毛皮、發出怪味道、沒事叫個不停、要吃東西、會大小便的眞正寵物們，終於戰勝了電子產品了！

仔細想想，活生生的寵物再度受寵，不見得有什麼好高興的。養一隻寵物眞的要花很多的時間和精力。尤其有些寵物，不但要替牠換食，洗澡，還要帶出去散步。萬一沒做好，引發狗的憂鬱症和貓的厭食症等等，可不是換顆電池重新開機再玩一次就行。

雖然老是有人批評，現代都市人用養貓養狗來代替人際關係的交往，堅持養一隻名叫哈利的狗比找一個合適的丈夫容易得多，但自從電子寵物出現，活生生的寵物也落入「被代替」之列用B代替A，再用C代替B，代替的食物鏈是永無止盡的。

因此，如果你想養一隻寵物。又只能付出有限的時間和金錢，那麼為了寵物和你自己的幸福著想，最好還是審慎選擇寵物的種類。這個寵物網站就是把選擇寵物當成類似擇偶一般的審慎過程來處理。想養寵物的人，可以上網回答它所列出的問題，比如說：你希望你的寵物有毛嗎？你希望牠活得久嗎？你怕不怕寵物吵？

如果你以非常配合的態度。像回答交友網站上的擇偶條件一樣，回答完所有的問題，網站就會為你排出最適合你飼養的寵物排行榜前十名。這樣一來，你和你的寵物，可以在走向錯誤的結束之前直接避免錯誤的開始。

不過，這個網站也有一些令人意想不到的狀況。根據這個測驗，我最適合養的寵物是「貂」。然而我對這種動物唯一的了解是：某種常被用來做大衣的動物。至於為什麼我會適合養一隻大衣原料動物，我就完全搞不清楚了。莫非網站還能察覺吾人體質畏寒，買不起大衣就抱隻貂取暖？我想這個網站稍微忽略了一個事實，那就是在台灣可以買得到紅毛猩猩、紅龍、眼鏡蛇當寵物。但是在家裡養貂還真的沒聽說過。因此我只好和網站為我選出的「天作之合」寵物遺憾地錯過了。

不知道和我一樣，被和奇怪種類的寵物配對在一起的人多不多呢？我想也許網站故意分配這種奇怪的組合給我，以讓我知難而退。背後隱藏的訊息就是：像你這樣又要寵物陪伴、又懶得照顧寵物、還怕寵物臭的人，還是去養電子鷄吧。

世界正在繁殖中

器官移位網站

http://209.208.235.5/imagine/warning.htm

英國學者包曼（Zigmund Bauman）說：「規則是一隻巨鯨，我們居住在鯨背之上。」鯨魚泅游於符號之海，往東，或是往西。我們穩穩地居住在四處游走的鯨背之上。

然而我們並不只是鯨背上的靜態居住者。世界是一個巨大的取樣來源，我們在其中刮取片段片段的殘片，將它們重組並且創造。上帝取肋骨造亞當，我們從鯨魚身上取了寄生的貝類與魚族，向牠們吹一口氣，便召喚出另一隻巨鯨，另一層世界。

九〇年代末的音樂與影像世界，容許我們用更多的想像介入世界的擬造。電子舞曲風潮吹起之後，取樣機成爲音樂創作的利器。從鳥鳴與水聲，到沖馬桶的聲音……，各種聲音在電腦裡混合暈染，眞實與夢囈在音響中雜交。

當Photoshop等功能性強的軟體變得普及，我們可以在家用電腦裡將影像加以電子混音般的處理，從事各種即興拼貼。這個網站，就是利用影像處理軟體，將人臉或身上的器官移位或複製，製造出種種匪夷所思的映像。

一個女子，臉上原本應該是兩隻眼睛的位置，長出兩張粉紅色的性感嘴唇。那是創作者在數位影像上，將她的豐唇圈選，並且加以複製，掩蓋過原來的眼睛，所造成的效果。乍看之下，以爲是一個女子腫脹著兩隻眼。仔細一看，才發現在她的臉上，一個器官成爲創作者取樣的素材，讓它在母體的自身上被複製。而這種複製裡自有一種荒謬感，在觀者意會過來時，於他們腹中引發爆笑的震波。

在一張題爲「不溝通」的圖裡，這位創作者使一個模特兒般體態優雅的女子，嘴唇被縫合在一起，她張著空洞的眼睛，使畫面充滿哥德式的詭怖。一個手持剪刀的紅髮女子，頭顱掉落在地上。不過畫面上並沒有鮮血四濺的血腥暗示，頸部的斷口平滑，像是一個塑膠娃娃安靜無聲的自戕。在另一張圖裡，一隻手以一種歡愉的姿勢張開了手掌，每隻手指頭都各自在指尖又長出五根小指頭。

這所有的圖片在概念上是共通的。影像的元素被裁減下來，像一組聲波進入取樣機。複製，重組，而生殖出更多的意象。電子音樂與合成影像的風潮，象徵了影像與聲音藉著低廉的成本增生繁殖。我們每個人藉由電腦技術的幫助，在世界的鯨背上抓取符號與元素，試圖造出另一隻鯨來。

世界正在繁殖中。

網路上的空間，以一種神祕的包容性容納了無限增殖中的世界。然而那一切實際上都是眞實。眞實是無限多重，如許多鯨魚在海上安靜無聲地交會，擺動巨大的尾鰭。我們搖一搖頭，仔細聽的話可以聽見海潮的聲響。然而我們從來無由得知，自己正在哪一隻鯨魚背上，航向哪一個地方。

一本正經宣言

解放昆蟲網站

http：//www.throughwire.com

當愛爾蘭共和軍IRA在大西洋的東岸，堅持著北愛爾蘭要脫離大不列顛統治；杰瑞亞當斯到美國和柯林頓握手並且募款，順便從美國人眼中贏得了個性感男人的稱號回去；另一個IRA也在網路上努力著，為家裡爬的螞蟻、牆角躲的蟑螂爭取生存權。

這個IRA網站。全名叫做「昆蟲權行動主義者」（Insect Rights Activists），其實是一個反諷的網站。站主自稱擁護昆蟲權，並且大力呼籲大家：你可以讓事情變得不一樣！

比如說：蓋一個蟲子花園。放任花園裡種的番茄、馬鈴薯、玫瑰花被蟲子吃掉。並且享受看著花園被蟲子吃光光的樂趣。

不要打掃。因為骯髒的地方自然有健康的蟲子。

不要開車。或是在擋風玻璃和車頭大燈上貼泡泡綿，以免撞傷昆蟲。不過貼了泡泡綿之後你要特別小心，以免視線受到阻擋，看不到在馬路上爬的其他昆蟲。

吃蝙蝠。因為蝙蝠吃很多昆蟲。想想多少昆蟲在深深的夜裡喪生在蝙蝠這黑暗的生物之口？

不過，站主仍然忍不住在一張網頁上，說明了整個網站的反諷本質。他說，這是一個反諷的網站，如果你是「正牌」的動物權植物權昆蟲權捍衛者，請不要上這個網站，更不要寫一大堆e-mail來煩我。然後他把上網的讀者分為兩類：缺乏幽默感的人——在這裡他發揮了他的幽默感，把按下這個選項的人超連結到一個浸信會網站上去；以及有幽默感的人——這些人可以繼續欣賞網站。

站主澄清自己反諷立場的努力，比他所寫的任何反諷內容更令我感興趣。「反諷」本來就是網路上常用的語言之一。BBS上也好，個人網站上也好，到處充斥著講反話的趣味。可是，反話自然有反話的危機，最怕就是有人認不出那是反話。讀者或聽者一本正經的態度，足以把任何反話再度反轉，向真假模糊的邊際更加靠攏。

當年「給我報報」和張軍堂之間的「犀牛皮事件」，就是最令人嘆為觀止的反諷笑話反轉事件。反諷笑話如果被一本正經地當作真話來處理，就像是進小吃店點了一碗榨菜肉絲麵，老闆送錯送成牛肉麵，還理直氣壯地說明明你就是點牛肉麵；你再和他爭辯，他就說我們店裡最有名的就是牛肉麵，好心拿有名的菜色給你吃你還嫌。

站主顯然常常碰到點榨菜肉絲麵送上牛肉麵的情形，所以特別用一個網頁聲明立場：這是反諷！我不是眞的主張昆蟲權！可是到底有多少人看到這個訊息，有多少人感受到站主正在講反話？甚至，讓我們這樣問，有多少人在意站主說的一切，是眞實的主張還是瞎扯淡？

因爲我們不知道這些問題的答案，站主這一本正經的宣言，遂成爲他網站上最大的反諷。

只是瑣碎著

無用知識網站 http://www.uselessknowledge.com

曾經有那樣一個時代，知識具有巫術般的魔力。那時所有的事都是宇宙秩序的一部分，一個巨大知識系統裡微小的片段，或是，一種具體而微的隱喩。比如說牛頓曾經相信聖索菲亞大教堂的結構具現了宇宙的形象。而鍊金術士構造著無所不包的世界模型，在其中事物起著神祕的關連。

那時世界上不可能有無用的知識。所有的事都是相關的，就像我們現在正討論著的網路：一切都在連結中。

然而那不是我們的時代。這年頭還有誰以構造知識的世界體系爲職志呢？生活朝向複雜的方向加碼，想不專業分工都不行。自詡無所不知的，大約只有引人側目的怪異宗教教主吧，令人覺得他隨時要去地鐵車廂放炸彈的那種。我們不只一次被告知，這是一個瑣碎的世代。大型論述崩解，微觀成爲唯一可能的知識型態。

這個網站開宗明義命名爲「無用知識網站」。知識可以無用。而這是一個瑣碎與無用知識的有用網站，站主這樣自稱。

比如說，聖經被摘譯成兩千兩百一十二種語言，完整的聖經譯本則有三百六十六種語言。

比如說，爲什麼報紙很容易可以從上往下撕開，卻很難左右橫撕？因爲報紙的紙張是用木頭纖維製成，每一條纖維都是縱向地排列在一起。

百分之四十四的美國小學學童最喜歡媽媽在他們的午餐盒裡裝花生醬、果醬三明治，是最受小學生歡迎的午餐第一名。其次是臘腸三明治，得票率百分之十六。

休士頓觀星站在一九六五年開張之時，是世界上最大的空調房間。

這些各型各類的知識，確實看不出對現實人生有任何功用。既然這些知識無用，爲什麼站主還如此大費周章地蒐集了這許多知識呢？或許對於站主而言，這些瑣碎知識當中，自然有一種博聞的樂趣吧。

除了博聞的樂趣，還能有什麼呢？當我們小時候也曾經有過爲每一件事追問它背後的爲什麼，引來父母親或老師不耐煩的瞪視。然而漸漸地我們也都習慣，許多事便是理所當然地毫無理由，比如午餐過後的例行頭疼、比如每天早上鄰居養的狗定時的吠叫。

許多事只是毫無意義地瑣碎著。每天每天我們身邊的訊息太多了，一眼掃過，腦袋像個篩子般過濾訊息，有用的資訊我們將它吸收，至於那些無用的、瑣碎的，必須像人體排除細菌與廢棄物一般，立即排除在腦容量之外。

然而這樣的瑣事免疫系統，帶給我們另一種危險。在我們將自己包覆如一枚膠囊的同時，知識與情感的刺激在膠殼之外疏遠地流走。終於我們長出一層硬殼，蝸居在那硬殼裡，我們也成為對他人無關無用的存在。

恐懼的味道

災難訊息網站

http://www.viewpo.com/dmstest/dms.html

有從地震災區回來的朋友說，那裡，即使已經盡一切可能清理環境，仍有一種揮之不去的氣味，瀰漫在空氣裡。那氣味，說不出是什麼，屍體呢還是腐爛的食物，總之無所不在，令人感到強烈的不安。

災難的氣味，在災區的上空盤桓，恐慌與不安或許未被言明，卻都沉默地積累著。

災難也是一切日常運作的位移失準。災難發生之時，我們才發現平日渾然不覺自己置身在某些網路之中，並且仰賴它們維生，如同幼犬啣住母親的乳頭。比如說水與電、比如瓦斯。種種連絡系統，電話、大衆傳播，音信傳遞的方法。災難發生之時，這些網路斷裂陷落。那時我們對訊息格外需要，卻求之不可得。

因此有這樣一個網站，專門報導災難，網站上對發生在全球的天災人禍，都有詳細的最新報導。

同時，網友還可以選擇在網站上註册。註册包括一個令人難過的步驟：選擇你想知道的災難種類。水災、地震、颶風、戰爭、印尼與東帝汶、南斯拉夫……，想知道哪一種災難的最新消息呢？我們看著那個選項清單，那是一連串正在地球各個角落發生的災厄。網站會定時將最新的消息用e-mail傳送到會員的電子信箱。

九二一大震災發生之後，台灣自然成爲這個網站上最多訊息的焦點。許多身在國外的台灣人，或是有朋友在台灣的外國人，在網站上貼出詢問訊息：有沒有羅馬拼音的罹難者名單呢？誰知道台中的狀況？國際電話打不通，想尋找朋友，誰可以幫忙？……

藉由網路科技，這個網站試圖保持災難消息的暢通。可是，即使所有人都談論著網路的無遠弗屆，網路媒體雖然快速便捷性，卻也不能無中生有，網路所能做的僅止於將各大國際媒體的報導彙整，讓網友可以獲知災情的最新發展罷了。想看CNN的最新報導，網站上有。可是，對於有親人在台灣的遠方網友而言，最切身的問題，即親人的安危，卻不是網站能夠回答的。

因此，網友們想詢問某個特定個人存活與否的網上留言，終於只是一則則有問無答的公布欄訊息。那些訊息裡的焦急憂懼，暫時無法可解。在沒有嗅覺的網路世界裡，那就是災難的不安與恐慌。一行行沒有答案的數位文字留言，在閃爍的螢幕上，如震災中傾圮的瓦礫石堆般堆疊，一層又一層。

認不出自己

六〇年代網站

http://www.swinginchicks.com/

六〇年代可能是這個世紀最陰魂不散的十年。我還是高中生的時候，周遭一些文藝青年級的朋友就愛死披頭四和鮑布狄倫。後來，九〇年代有一陣子流行起復古風來，復的不是四〇年代不是五〇年代，就是六〇年代。刷子般的眼睫毛、大領子緊身斜紋襯衫、喇叭褲、歐米茄髮型，又被流行工業回收，電視上路上滿滿都是。風潮才過，又有一些搞笑電影，像是《王牌大賤諜》之類的，再度在打扮上阿哥哥起來……。

六〇年代我還沒有出生。可六〇年代眞像一場播不完的電影，因爲剪接的誤差，每隔一段時間就把重複的劇情再講一次。對於和我一樣被這場永劫回歸的六〇年代流行風潮弄得眼花撩亂，搞不淸楚什麼才是「最六〇年代」的人，可以考慮上上這個網站。

這個網站把著名的六〇年代女性（主要是明星）拿來做了場大評比。根據十個標準給分，分別是：影響力、持久性、才能、六〇年代臉服裝、生活方式、年齡、撈過界情形、在六〇年代以前或以後吃得開的程度，外加一個自由表現加分項目。每一項標準的滿分是十分，合起來最高就可達到一百分。

所謂六〇年代臉，就是妝化得越濃越好，曬得黑也可加分。服裝當然不用說了，最好連比基尼、六〇年代科幻電影裡很俗的太空裝都穿出來。生活方式？當然是越糜爛越好，最好有多次和名人傳緋聞的紀錄，如果私生活不可考，這位站主也很慈悲的給這些被評分的六〇年代女性至少五分，因爲他假設在六〇年代可以吃得開，一定是糜爛的啦。其他如嗑藥、違警行爲，各種醜聞，都可爲六〇年代生活方式加分，使被評分者向糜爛皇后美譽邁進。

按照這樣的標準。凱薩琳丹妮芙得了九十一分，珍芳達得了八十八分，蘇菲亞蘿蘭八十五分，歌手Nico七十六分。不過我不確定她們會不會因爲分數高而開心就是了。這樣看來，要當個很六〇年代的人，也不容易呢！可不是穿著喇叭褲、化個大濃妝就可以了。

一九九九年快過完了，我忍不住想像，數十年後可能有好事者架起「九〇年代網站」，把我們時代的名人都放進去大評比。那時，他們會採取哪些標準，來判斷我們的「九〇年代指數」呢？每日上網時數？塑膠袋使用量？擁有Kitty貓隻數？政治冷感、看到政治新聞就發出「哎喲」聲的次數？性傾向？離婚次數？人格分裂程度？善變與失憶的速度？

也許他們會發明出一個我們都不認識的九〇年代。就好像在九〇年代人架的六〇年代網站裡，許多眞正活過六〇年代的人，一定都認不出自己。

通向迷宮之路

哈日網站 http：//japanorama.com/

網路無國界嗎？網路當然有國界。網路的第一個國界就是語言。雖然有那麼多人嚷嚷圖像時代快要來臨（一邊嚷著一邊恐慌自己將成爲圖像文盲），可是誰都知道目前爲止，大多時候有效精確傳達訊息還是要靠文字。

在這種情況下，就算可以連上全世界的網站，語言不通還是不行的。上非英文的網站，除了語文上的理解，還有軟體的問題。所有上網蒐集過日本資訊的人都有這樣的經驗吧，如果沒有支援日文軟體的話，那就連想用片片段段的漢字胡猜一段自己翻譯的日文意思出來都不可能。因爲你連看到那些漢字的機會都沒有，螢幕上密密麻麻壅塞著亂碼。亂碼這種奇妙的東西，你一定可以一眼認出它來。

那麼，對於電腦上沒有支援日文系統、又不懂日文的人而言，既然受限於語言能力而無暇顧及政治不正確的問題，只好依賴英文來認識世界的其他部分，因此一個用英文寫成的日本資訊網站應該是滿有用的。這個網站的名稱Japanorama，或可翻做

「日本全景」，當然我們知道它讓我們看見的絕不會是全景。

無論如何連上這個網站的經驗仍然是奇妙的。它提供了一種認識日本的方法。首先，首頁上是十六個領域：軟體、電玩、口袋怪物、書、錄影帶、CD、搜尋引擎、免費下載、廣播、日本新聞等等。從字面上看這十六個領域，令人有一種魔幻的感覺，好像一個文化可以用如此奇異的方法切割，恍若波赫士筆下的僞百科全書。

選擇其中任何一項，都會將你導向更多的連結。比如說進入「書」的領域。知名的日本作家們，名字以英文拼音出現在表格裡，底下是他們的英譯本書名。我在這裡花了點時間，把英譯的名字，在腦袋裡轉換成中譯的名字，兩種翻譯的彼此切換，跳過了原始的語言。幸好有照片在旁，幫助我認出了芥川龍之介和安部公房等人。每一本書的書名都是超連結，將你導往亞馬遜書店，介紹該書的網頁。其他的領域大致類似，「口袋怪物」領域裡條列著各項口袋怪物產品的超連結？「錄影帶」領域裡是各個日本經典電影的超連結，當然，所有的資訊都是英文的。

這樣的網站，本身資訊非常的少，完全由超連結構造起來。它是迷宮的中心點，但牛頭人身的怪物邁諾斯已死，迷宮中心因此什麼都沒有，只有朝向四方放射的迷宮小徑。迷宮中心是通路的匯集點，在語言的限制下，只有英文打造的通路可行。

日本全景是這樣構造起來的。在它被分隔成的十六個領域下，許多通路沿著網路上找得到的英文資訊歧出。這是在網路上認識一個文化的方法。

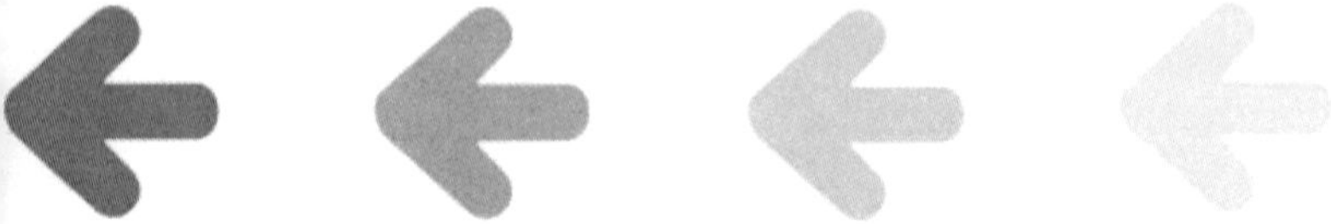

4.

http://www.newground.com

時間就是拿來浪費的

滿意、不滿意、非常不滿意

民意調查網站 http://www.kkc1td.com

民意調查員的是無處不在耶。你一定有這樣的經驗：沉寂多時的電話忽然響了起來，通常是你正在忙的時候——在燒開水泡麵、在刷牙，或是在廁所做什麼不宜中斷的事……電話偏偏在這時響了起來。你用最快的速度，把泡麵碗蓋起來、把嘴裡的牙膏泡泡吐出來、把不可中斷的事都中斷了，就爲了接這個電話。

終於，在電話響第九點五聲時，你抓到了電話筒：「喂？」

「小姐你好。我這裡是××國際公關公司，正在做一個消費習慣調查，請問妳是男的還是女的？」

「啊？」

「喔，對不起，小姐當然是女的。那請問妳是，一、十五到二十歲；二、二十一到二十五歲；三、二十六歲到三十歲；四、三十一歲到三十五歲……」

「我二十八歲。」

「啊？那是幾……？」

在你失去耐性之前，他切入了正題。「請問妳一週採購幾次？一、一次；二、兩次；三、三次……」

當終於回答完那些「會固定使用同一種牌子的洗髮精嗎」、「用完洗髮精後會用潤絲精嗎」之類的問題，回頭去做剛才做到一半的事，泡麵早就泡爛、牙膏泡沫在嘴邊乾成一圈，爲了接這通電話而中斷的事，連自己都想不起該從哪裡接下去。

想起來了嗎？你一定有這樣的經驗吧？更別提那些選舉前的民調電話：請問你要選幾號候選人？請問你對某某市長的施政是，一、很滿意；二、滿意；三、普通；四、不滿意；五、很不滿意？

於是你發現自己在電話這頭，很努力地把自己的感覺塞到數字裡去。

這個網站的站主大概也早就受夠沒完沒了的民意調查市場調查了吧。他在網站上設計了一組諷刺問卷，問的問題大概是類似：你認爲哪種食物比較有喜劇效果呢？是茄子還是秋葵？你願意吃它嗎？（如果你問我的話，我覺得世界上沒有任何食物比釋迦更具喜感了！）或是「你的腳拇趾比腳的第二個趾頭長嗎？」之類。

仔細想想，我們的周遭眞的充斥著沒完沒了的調查喔，問你的習慣、問你的想法。在鬧區街頭站五分鐘就有好幾個學生模樣的人拿著夾紙板向你靠近。政黨也流行用民意調查的結果，當作黨提名候選人的重要參考，那本質上是迴避了政黨擬定政策方向的責任，而把問題丟回給選民現刻的喜好。

滿街的民意調查顯現了一種焦慮——焦慮地想要知道選民或是消費者的現刻喜好。而且是「現在」的喜好，把時間軸橫向劈開，那個切面上的喜好分布，就是民意調查急著要抓住的東西。那可能是像李維史陀說的吧，現代人只能在共時網絡中發現意義。所以，民意調查蒐集了無數共時網絡的斷面。可是呢，「現在」的時效性轉瞬即逝，在調查員把問題裡一長串的一二三四選項念完之前，已經失效了。

超級方便的孝順方法

天氣網站 http://weather.yahoo.com

我的媽媽和她的朋友們（也就是眾多被我以阿姨稱呼的女性們），相約在入秋之後前往北海道遊覽。

請不要說，媽媽去北海道玩關我什麼事？因爲基本上媽媽所做的事情，沒有不和女兒相關的。從我媽決定去北海道以後，因過度興奮而不斷述說著她想像中現在北海道的樣子（應該有楓葉吧？會不會有雪呢？）；到她挖出上次日本之旅（那可是好久以前啦）剩下的日幣，叫我幫她看看還能不能用；甚至和朋友開行前會議回來，源源本本地把聚會中說過的笑話向我重複數次……

這所有的事，沒有一件是和身爲女兒的我無關的。可以說，一切前置準備工作都與我有關，只有實際去玩的這部分完全無關而已。

一切準備就緒，第二天我媽就要搭飛機去北海道了，我看著媽媽把行李整理妥當，她只剩下最後一個問題要問我：「妳說我要不要帶厚外套？」

嗯，好問題。媽媽開始陳述正反雙方意見。帶厚外套行動不方便，萬一穿不上又增加行李重量；不帶的話嘛又怕會冷……。我媽每逢遇到難以決定的事情時，總會像這樣自己來一套沙盤推演。其精闢分析令我非常佩服。類似情形經常發生在她選擇參加婚宴的服飾、逛街決定不了要買A還是買B時……。不過因爲她自己都非常清楚正反面優缺點，經常令我有「那妳問我幹嘛」的錯愕感。

這次的情況也是一樣。要帶厚外套，還是不帶呢？

幸好這時有：天─氣─網─站─！

爲了提供有用意見，我走到電腦前，連上了網。想知道北海道的天氣？選出國家：日本，城市：札幌。網站馬上顯示未來幾天札幌的天氣：陰晴，最低溫兩度，最高十八度。我拉開嗓門大喊：「媽！要帶厚外套啦！」

我媽一聽之下馬上打電話給阿姨們報氣象，掛上電話後她說：「大家都有叫兒子、女兒上網查天氣耶，好險我們也有上網。」言下之意，輸人不輸陣，萬一大家都上網，只有我們什麼都不知道，那不是糗大了？顯然我媽深知資訊爆炸時代的競爭法則，掌握資訊即是掌握權力。家裡有沒有女兒可以幫她上網查氣象，絕對是不可輸掉的權力競爭啊。

對於花個幾秒鐘上個網，就可以保住我媽的面子，身爲女兒的我只能說：很高興網路時代有這種超級方便的孝順方法。

膽小者勿入

鬧鬼網站 http://home.freeuk.net/whiterabbit/whiterabbit.html

那是很多年前的事了，我參加了一次稍微荒謬的高中畢業旅行。

在那次由救國團包辦的旅行中，隨車旅行的除了一個令我們深刻了解到「上大學不見得看起來比較酷喔」的嚕啦啦大姊姊，還有個喋喋不休的導遊小姐，在旅行車上過度亢奮地試圖發起各種帶動唱或團體遊戲。爲什麼會跑出這兩個人來參加我們的畢業旅行，我們一直都搞不太清楚。不過我想導遊小姐在多次帶動唱失敗的挫折後，應該學到了寶貴的一課吧——高中生上了遊覽車就會自動切換到停止收訊的狀態，最普遍的方法是用隨身聽耳機塞住耳朵。帶動唱？別傻了。

不過，這位極其專業的導遊小姐，在旅程中似乎一直不放棄，要將我們這些醉生夢死的高中生從隨身聽的音樂中喚醒。於是轉向嚕啦啦大姊姊施壓，要求她好歹盡點責任。

我們離開墾丁的那一天，車才開上高速公路，大姊姊站起來（可能是應導遊小姐要求），拿起麥克風：「昨天晚上睡得好嗎？……其實，昨晚住的活動中心裡面，有一間，沒有讓你們住的，據說有鬧鬼喔！」

大姊姊的鬼故事才說到一半，遊覽車中忽然爆出尖叫。幾個同學臉色發白地抱在一起，從她們嘴裡冒出詞意不明的破碎句子，唯一可以辨認的是不斷重複的「恐怖好恐怖」。

事情是這樣的，她們四個人昨晚沒睡，在外頭打橋牌，坐的位置就在大姊姊說鬧鬼的那房子前面（當然那時她們還不知道什麼鬧鬼的傳聞）。玩了一會兒，其中一個人發現她手中有一張鬼牌。大家把牌放下來，「是誰忘了把鬼牌拿起來啊？」互相這樣罵一罵，又重新發牌。再拿起牌，裡面還是有……

故事的後半段我始終沒聽清楚。因爲她們幾個又抱在一起尖叫個不停。我們整車人看著她們，完全不了發生了什麼事，連嚕啦啦大姊姊都呆掉了。

這個鬧鬼網站，就是要提供好奇者像這樣被嚇一跳的經驗吧。網站中蒐集了各地有名的鬧鬼旅館，當地的鬼故事、典故等等，膽大者盡可一試。

可是，鬼故事一旦成爲觀光的資源，似乎也失去了最原始的恐怖感。看著網路上介紹的鬧鬼旅館，讓人覺得：「是這樣啊。」卻沒有太多眞實感。

我相信眞的有人會去網站上介紹的鬧鬼旅館住宿，看看會不會有什麼靈異經驗。這樣做時，他們基本上相信自己是安全的，不會眞的發生什麼事。媒體具有將事情包裹得安全無害的力量，網路也不例外。

我們的畢業旅行後來當然是平安結束。雖然發生了這個小插曲，大家回到家時都還是同樣一群耳朵裡塞著耳機的高中生。唯一經歷成長幻滅的可能是導遊小姐吧。

好了。最後，誰可以告訴我，那一年在墾丁，到底發生了什麼事？

哪裡都到不了

世界盡頭網站

http://www.jodi.org

http://www.he11.com

到底，在傳說中的世界末日來臨時，黑暗會選擇以怎樣的方式降臨大地呢？有些網站，眞的讓我想到世界盡頭。當然你也可以說那是因爲我神經過敏，反正我已經習慣被人這樣說了。

怎麼說呢？並不是因爲它們給你看天災人禍的照片，也不是因爲它們用某種宗教神祕主義的語言，信誓旦旦預言某一天幾點幾分，當某大行星上一塊惡魔數字666形狀的陰影對準了太陽，就是世界走到盡頭的時候。畢竟天災人禍每天新聞都有，我們早就習慣一邊吃飯一邊看。而神祕主義的預言也已經聽太多，大家都養成靜待預言失靈的習慣。

我在網路上感覺到的世界盡頭，其實比這些都簡單得多。比如說這個叫做Jodi的網站。它令你的視窗錯亂，出現像是電視故障時那種閃動不停的黑白條紋。那種條紋當中有一種焦慮，好像分明有訊號要傳輸過來，卻因爲受到干擾，或是硬體故障，而沒辦法顯示原來的面貌。你以爲自己的電腦壞了——那可眞是離世界末日不遠，你抱著頭，想到有多少檔案沒做成拷貝，天啊，明天要交的報告……

其實那不過是站主的設計。這些黑白閃爍的條紋，就是整個網站的內容。沒有連結，沒有文字，當然也沒法從這個網站連往別的地方。除非按回到上頁鍵——我就按了那個鍵，心裡卻暗暗感到自己是以近乎作弊的方法，脫出站主設計的混亂。

或是，像這個叫做「地獄」的網站。漆黑的頁面裡沒有文字，只有很小的兩個符號，像是某種密碼。按在符號身上，取得進入的權力，然後你來到一個同樣漆黑的頁面，成排的0與1閃爍著在頁面上流過。

和Jodi網站一樣。在這裡你也找不到任何連結，你把滑鼠的指標在頁面上滑動，終於在一個小小的no上，指標變成了手指，向你暗示：「這裡有連結。」

按下滑鼠左鍵。恭喜。它關閉了你的瀏覽器。

人人都說網路無遠弗屆，一切都在連結中，這兩個網站卻像是在拒絕連結。這些網站也拒絕資訊，裡頭沒有實際的內容，打了說網路是Infomation at your fingertips的比爾蓋茲一巴掌。如果網路眞是如此連成一氣，串連全世界，這裡，就像是網路世界的盡頭。在一片閃爍的黑暗當中，盡頭到了。

這是網路世界的盡頭。一整個視窗的黑暗，極度逼近。

去路無限

消失的密室網站

有一次妳突然起意，對一個妳其實滿喜歡的男生說：「你要不要一段時間別理我？」

話語就這樣滑出嘴邊，妳也不太確知爲什麼。那時妳連續三天聽著Nirvana。妳想也許事情是這樣，像一個世紀前那個佛洛伊德老頭說的，才沒有失言這碼子事呢。他很平靜地在電話那頭問妳，多久？然後妳發現自己懦弱地說，一個禮拜。

（本來妳是想說一個月的。）

他說好。什麼都沒有問，掛了電話。如妳所想，一模一樣。然後妳又聽Nirvana，吉他不斷重複著黏重的旋律。妳還在想，話語怎麼會就這樣滑出嘴邊呢？

但確實沒有所謂的失言。妳的生命也不會因此而失足，反正無論如何自然會有接下去的故事。一個禮拜以後也許你們都不一樣了，那也很好，妳一直覺得生命應該像網路，去路無限，不必在同一個網址停留太久。妳一直希望這樣。

那年薩拉馬戈得了諾貝爾文學獎，妳用搜尋引擎檢索他的名字，意外連上了一個網頁。只有一頁，用大大的字寫著：「我剛讀了薩拉馬戈的小說，關於一個城市，所有人都被傳染失明，天哪，這是什麼小說啊？」

一句牢騷話，占住整個頁面。顯然這個人不太滿意薩拉馬戈嘛。

沒有連結，沒有出口。妳看了網址，網頁是掛在伯明罕大學底下，可是從伯明罕大學網站的任何一頁都全然無法進入這個頁面。那個頁面像是暗藏在船艙裡的偷渡客，伯明罕大學恐怕也少有人知道它的存在吧。好像一個沒有門的房間，一個密室，房間的存在不為人知，只在無意間被妳闖入。那是一個異次元的空間，連妳都沒想到會闖進這樣一個空間。

妳退出那個網站，去搜尋其他的資訊。妳沒有抄下它的網址，很久以後妳才發現自己因此而永遠錯過那個網站。那也沒什麼。世上才沒有真正的錯過這碼子事呢。網路就該像生命，去路無限，不必在同一個位置執守太久。

所以，這一天當妳一面聽著Nirvana，一面想起那個很久以前看過的網站，妳又連上搜尋引擎，鍵入同樣的keyword：Saramago。

螢幕上出現一長列網站名稱。諾貝爾獎得主、葡萄牙作家，這類頭銜在妳眼前跳躍。可是，沒有妳要找的網頁，那個網頁已經從搜尋引擎的名單中被取消了。那時妳無意間闖入的密室，如今入口無處可尋。

也許密室還在，只是進不去；也許密室已經消失。總之妳再也無法連上那個網頁了。

上帝打翻了基因

消滅人類網站　http://www.vhemt.org

聽說是這樣的。一九八〇年代中期，有個叫做道金斯的生物學家，根據生物的演化原則寫了個電腦程式，叫做「盲目鐘錶匠」。這個程式設定了九個參數，稱爲「基因」，不同的「基因」會在螢幕上繪製不同的線條。道金斯讓這些「基因」彼此之間產生突變，產生下一代的電腦圖形。

道金斯把這些電腦圖形比擬做有機體，稱爲「生物形」。如此一來，「盲目鐘錶匠」程式的操作者正有如創造生物的造物主，可從每一代後代中挑選較喜愛的基因突變品種，產生更多的後代，製造更多的突變。物種經過多次的「人擇」，數量遠超過一開始的設定，以一種大爆炸般的速度增生繁衍。

根據雪莉特克的《虛擬化身》（Life on the Screen），道金斯所設計的程式，只不過是七〇、八〇年代許多電腦生命遊戲中的一種。八〇年代中期，另一位生物學家雷開發了一個程式，叫做「地球」，在這個程式中，生物不再依賴「人擇」來演化，不需要有人決定哪一個後代的基因會被傳承下去。「地球」不需要被看管，「地球」當中的數位生命體，能夠自行複製與突變。

似曾相識？沒錯，可不是眞像咱們眞正的地球嗎？無論國中生物課本是怎麼教的，那些理論是怎麼說的，有時看看周圍，看見跟我們擠在同一輛公車裡的這許多發著汗臭和髮膠味的人，難道不讓我們覺得驚訝嗎？有個叫做上帝的，把一盆基因翻倒了，這下子可好了，沒完沒了的演化大戲開始，像齣演不完的八點檔，而且高潮迭起，突變不斷。其中有一個影響最深遠的突變就叫做「人類出現了」，從此不可思議的演化不斷發生，人類發展出寄生、反寄生、超寄生等等生命形式，還會互相竊取能量，還會用擬態欺敵……，可厲害了！每一種型態又影響到下一輪演化。總之一發不可收拾，有如電腦中的「地球」軟體，造出程式設計者想都想不到的虛擬物種來。

這個網站的站主，顯然就把人類當成是這樣一發不可收拾的生物突變。這個突變影響太大，老實說地球上環境的破壞、其他生物生存空間被壓迫，都要怪到這個「人類出現了」的突變上頭。爲了拯救地球環境，人類必須開始實行非常計畫——消滅人類。

你沒看錯。這位站主開了一個很有道理的玩笑。當然在這個計畫實行之前，我們得思考一下，到底人類是怎麼演化成會提出這種計畫的狀況呢？畢竟一開始，不過是上帝打翻了基因啊！

而上帝呢？可能發現自己闖了大禍，搭太空船逃走了吧。

時間就是拿來浪費的

閒閒沒事幹網站 http：//www.newground.com

在我看來，網路世界裡最大的驚奇莫過於：怎麼會有這麼多閒人啊？因爲，眞要找的話，可以找到一大堆，不知道爲什麼會有人去花時間做出來的網站。那些網站沒什麼用，但是站主顯然都花了不少時間去設計、製作網頁，而且還定期維修。你眞的不得不佩服：眞的那麼閒嗎？然後開始認眞思考自己的生命出了什麼問題，爲什麼會把自己弄得那麼忙，而且也沒做出什麼了不起的大事來。

比如說這位名叫湯姆的老兄，成立了名叫「新地盤」（New Ground）的網站，設計了好幾種不同的遊戲，都是既不益智也不娛樂，沒什麼道理的遊戲。其中最大的遊戲叫做「刺殺行動」，把各種名人拿來當槍靶。

說實在的，這也不算新鮮事。網路上把電視娃娃、口袋怪物肢解的遊戲早就聽說過，可是這位湯姆站主令我們印象深刻的地方，在於他實在太閒了，閒到列出二十九個刺殺對象供網友選擇，包括辣妹合唱團（很抱歉，已經退出的薑辣傑芮也沒能倖免於難），比爾蓋茲（這位老兄好像是所有網路人口的公敵，老被拿出來調侃，可能是因爲所有的人都被他賺到錢吧），皮卡丘（想殺害可愛動物眞是人類無法根絕的最大的病態之一），李奧納多狄卡皮歐（反正在鐵達尼號上已經死過一次了）等等。

不僅如此。湯姆站主爲每個刺殺行動設計了不同的畫面。其中令這位閒閒站主花了最多時間的要算是比爾蓋茲了。爲了刺殺比爾先生，你會被配備三種武器，然後進入比爾蓋茲的「虛擬房間」——那是類似九宮格般的簡單迷宮，你必須操縱箭號一間一間走，直到找到虛擬比爾爲止。殺了虛擬比爾後，才會被引導去殺眞正的比爾蓋茲。

這當然不是專業級的遊戲，所以請勿過分期待畫面品質和眞實感。但光是想到這位站主花這麼多時間，滿足自己和網友的虐待狂，就足夠讓人佩服他閒閒沒事幹了。

至於這樣浪費時間的網站設計，到底帶給了站主什麼成就感或滿足?誰知道!只有我們這種老覺得時間不夠用的人，才會要求所有事情有一個目的。時間有時眞的就是拿來浪費，在看似毫無意義的遊戲裡，生命前進了一大步，以你不知道的方式。

而在這當中最浪費時間的，莫過於用**B.B.Call**呼叫上帝了。站主請大家集中精神向上帝說出請求，然後按下螢幕上的**B.B.Call**，上帝就會給你回答。只不過站主請來的這位駐站上帝很奇怪，沒半句好話不說，還Shit聲不斷。
而令我百思不得其解的是，爲什麼上帝偏愛摩托羅拉的Call機呢？

一座城市的命盤

地鐵狂網站 http://pavel.physics.sunysb.edu/RR/metro.html

認路是很難的。去過的地方，得在腦海裡化作抽象的直線、曲線，彼此交叉連結。空間感和組織能力都得一流才行。像我這樣倚賴公車作交通工具的人，往往熟悉的路就是幾條公車路線。不過好像也不只我一個人這樣，有個朋友步行上班是沿著公車路線迂迴地走的，因爲那是她認得唯一一條從她家到公司的路。幸好她還不至於每到站牌就要停一下。

這其實是無可奈何的。身爲大眾捷運系統的愛用者，大眾捷運的路線等於我們認識一座城市的方法。

九四年剛到倫敦時，出門總帶著地鐵圖，要去任何地方都先查清楚，距離哪個地鐵站比較近。如此這般地認識倫敦，導致了一個後遺症。我印象中的倫敦，基本上是以各個地鐵站爲中心畫出來的一個個塊狀區域。至於每塊區域之間如何連結，我就搞不太清楚了。Covent Garden、Russel Square、Camden Town……，倫敦等於以上地鐵站周邊區域的大集合。

無論如何，我想很多人和我一樣，都是用地鐵認識一個城市，所以才會有這個網站。站主恐怕是個地鐵狂，他蒐集了世界各大城市的地鐵地圖，還有各種有關城市地鐵的資訊。

我在網頁上打開一張又一張地鐵路線圖。全世界的城市地鐵圖都有一種共同的語言；圓點表示車站，不同顏色的線條表示不同的地鐵線。臨河的城市，河流也化成天藍色的帶狀色塊，幫助市民認清方位。我們倚賴那些色彩繽紛的點與線，為我們指路。向東、向西，朝動物園方向，或是機場方向。

於是當我想起我到過的城市，腦中總是同時浮現出它們的地鐵圖。紐約是幾條縱線緊靠在一起，祕密地相互糾纏，大阪是環狀線擁抱著棋盤狀的地鐵線，途經一個又一個引人奇妙聯想的漢字地名：天下茶屋、阿波座、扇町……。倫敦，泰晤士河被簡化成僵硬的水管，在地鐵線底下是漣漪般一圈一圈向外擴散的淡灰色線條，用來標示收費標準的六個zone。

對城市們而言，地鐵圖就像是它們的星座命盤。那些抽象的點與線，規定了一座城市的身世。沿著那些點線在地底或在半空中行進，冒出地面、走出車站，走進城市的另一個角落，去飲食去呼吸去生活，就那樣接近了一座座的城市。

一個字就是一條路

迷宮製造網站 http：//www.voycabulary.com/

很多人在談論有關超文本的事。他們說在網路上，文本會獲得無限連結的力量。從每一個「超連結」，點選出去，便開出另一個網頁，網頁裡有更多的資訊。結果短短一篇文章，看了半天還看不完，老是在頁面之間迷路。

這時瀏覽器上的「上一頁」鍵，就好像是你帶進迷宮的線軸。爲了怕迷路，在進迷宮前要帶著線軸，一路走一路放，以便找到來時路。「上一頁」鍵就是你的線軸，幫你回到進入迷宮的原點。

可是有時「上一頁」鍵不知爲什麼失效，連結出了問題，用來辨識來路的線，給剪斷了。你只好一邊摔滑鼠，一邊用力回想，剛才的網址到底是什麼。通常我都只想得起www這三個字母，後面關鍵的字全忘光了。

可是，有許多岔路的迷宮，到底比一條通路通到底的好玩。每次連上一個網站，我總是先移動游標走一圈，調查地形。箭頭變成手指的時候，表示那裡有「超連結」，一個網頁，甚至一整個網站，藏在那個圖或字的背後。按下滑鼠左鍵，就進入另一個網頁。

如果有一個網站，裡面所有的圖、所有的文字，都是超連結呢？每一個字，都通向另一個網站，每一個字都在把你的注意力導向別的地方，告訴你更多資訊，讓你被誘惑、遺忘現在正在閱讀的文章。

眞的有這種網站喲，而且不止一個，你可以製造更多的迷宮。現在，這個網站可以把任何英文網站變成布滿超連結，製作出一座又一座的網上文字迷宮。

比如說，你想連上A站。在那之前你先連上這個迷宮製造網站，在首頁上，鍵入A站的網址。然後，當你連上A站時，叮叮叮，A站已經發生神祕的變化。

那神祕的變化就是：當你移動游標，探尋超連結的位置時，忽然發現箭頭一直維持著手指頭的形狀，所有的字都是超連結。你走進了一個無限多岔路的迷宮，每一步都有機關。

其實，稱這個網站爲迷宮製造網站，是有點錯怪它了。它眞正的目的是解謎。因爲，這個網站將A站所有的字變成超連結，連向字典，替你查出那個字的意思。換句話說，以前我們上國文課時，在艱澀詞彙下面的那個注釋符號，把我們引導往後翻，翻到注釋頁，翻出那個字的解釋；而現在，在網路上，每一個字既是一條迷宮的道路，也是通往它自身解釋的途徑。

那麼就不會再有看不懂的字了吧。倘若我不在更多的字陣裡迷路的話。

抽象之性

寫真網站 http://www7.asian-idol.com

身體是一種奇妙的東西。

當許多女明星們拍起寫眞集時，報紙雜誌都很高興有養眼的照片可以轉載。那段時間女明星們會穿得特別清涼，上電視節目做宣傳。所以你不可能錯過誰出了寫眞集的消息。身體密集地被展示，像一幅幅看板閃閃發著霓虹光。

許多裸體並排放在一起的時候，自有另一種趣味。像是D&G的一支香水平面廣告，一群男女模特兒赤身露體躺在一起，一張肉身織成的網、背景透著光。每一個身體都是美的，但每一個身體都沒有差別。裸露得那麼多，激起的欲望卻那麼少。因爲欲望根源於差別，根源於一個個在差別當中，顯得特別美或性感的身體。

把寫眞集掃上網的網站不少，可是這個網站以亞洲偶像爲主題，蒐集了橫跨日本、香港、台灣、韓國等地，爲數如此之多的女明星寫眞集，而且時時更新，還眞是不常見。

大部分的寫眞集有一種共同的拍攝語言。在我們這戀胸狂的文化裡，照片怎麼拍都不離強調胸部，姿勢擺來擺去，免不了夾胸等基本動作。在網站上移動滑鼠任意點選，所到之處，所有的女明星做著那些差別不大的標準寫眞姿勢。

網站裡到底有多少張照片呢？我沒算過。總之上千張吧。滑鼠點出一個、又一個的女子，美麗，並且性感。有的豐腴，有的骨瘦如柴。有的擅長擺布臉上表情，和鏡頭無聲交媾，有的將身體做極大程度的暴露，表情卻是完全的冷感，你知道她在心裡閃避目光。滑鼠點入，又點出。一個身體，又一個身體。沒有差別。

那感覺是奇妙的。近乎某種宗教。你幾乎以爲這是個神龕，四壁都是千手的神像，裸露胸脯，大地之母，性與生殖力的崇拜儀式。大地之母們化身無數，年輕的、成熟的，在鏡頭前面，給光鍍了一圈金。

像是進入電影院時，必須先讓眼睛習慣黑暗，才能開始辨物，在這個網站上，你得先習慣看見螢幕上有那麼多身體，那麼多身體擺著差不多的幾個姿勢，她們其實不在展示自己，而是在展示某種抽象的「性」，符合觀看者心目中性感定義的那種。（神像也不展示自身，而是展示抽象的神性。）

你必須讓眼睛習慣那麼多的身體，像是習慣電影院裡的黑暗一樣，然後你才能眞正開始「看見」，開始看見身體的差別，開始看見欲望。

並且，看見比做愛容易。眼睛變成主要的性器官。目光摩擦螢幕，一種安靜的交媾。並且乾淨。許多人爲了不同的原因連上了這個網站。許多人關閉視窗離去。

智慧田系列

智慧田 001

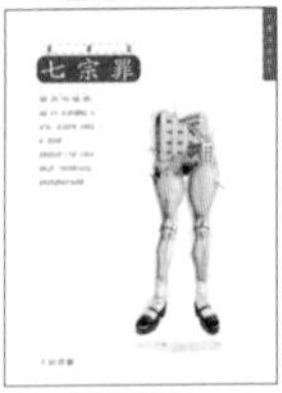

七宗罪　◎黃碧雲　定價200元

懶惰、忿怒、好欲、饕餮、驕傲、貪婪、嫉妒，是人的心靈蒸發、肉身下墜，人對自己放棄，向命運屈膝，是故有罪。

黃碧雲的小說《七宗罪》在世紀末倒數之際，向我們標示人的位置，狂暴世界裡僥倖存活的溫柔……

南方朔、楊照、平路聯合推薦

中國時報開卷一周好書榜，聯合報讀書人每周新書金榜

智慧田 002

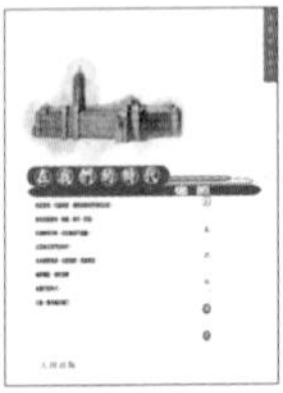

在我們的時代　◎楊照　定價220元

懷著激情、充滿理想，凝聚挑戰和希望的此刻，擁有各種聲音、影像、事件、話題，記憶變得短暫，存在變得不連續。

正因爲在我們的時代，未來被夢想著，也被發現，更被創造。楊照觀點、感性理解，爲我們的時代，打造一扇幸福的窗口。

智慧田 003

時習易　◎劉君祖　定價200元

時局這麼亂，李登輝總統的易經老師劉君祖在想些什麼？時習易，亂世中的解決之道、混沌中的清晰思維，用中國古老的智慧，看出時局變化，世界正在巨變，而我們不能一無所知！本書教我們找到亂世生存的智慧密碼。

智慧田 004

語言是我們的居所　◎南方朔　定價250元

正因爲語言是我們無法逃避的現實和記憶，所以語言是我們的居所。這是一本豐富之書，書中有大量並可貴的知識；這是一本有趣之書，書中有鮮活的事例與源流典故；這是一本詩意之書，智慧照耀了人性幽微之處；這是一本炫耀之書，因爲閱讀的確讓我們和別人不同。

◎誠品書店推薦誠品選書

智慧田 005

突然我記起你的臉　◎黃碧雲　定價180元

《突然我記起你的臉》收錄黃碧雲小說五篇，情思堅密，意味則摧人心肝愀然。在生命裡，總有一些時刻教我們思之淚下，或者泫然欲泣，就像突然記起一個人的臉、一個荒熱的午後……

◎聯合報讀書人每周新書金榜

中國時報開卷一周好書榜

智慧田系列

智慧田 006

星星還沒出來的夜晚　◎米謝・勒繆　定價220元

星星還沒出來的夜晚，我們有了如浪一般的感傷。我是誰？從何而來？向何處去？一場發生在暴風雨後的哲學之旅，神奇的開啓你思想的寶庫。獻給所有的大人和小孩；所有深信幽默感和想像力，永遠不會從生命中消失的人……

榮獲1997年波隆那最佳書籍大獎

小野・余德慧・侯文詠・郝廣才・劉克襄溫柔推薦

智慧田 007

世紀末抒情　◎南方朔　定價220元

二十世紀末，下一個千禧年即將到來，恍若晚霞中的節慶，在主體凋零的年代中，我們更應該成為，擁有愛和感受力的美學家。這裡所分享的，是如何跨過挫折和焦慮，讓荒旱的心田，迎向抒情、感性與優雅，和下一個世紀清涼的新雨。

智慧田 008

知識分子的炫麗黃昏　◎楊照　定價220元

終究在歷史的狂濤駭浪中，改變性格、改變位置；年少的靈魂不再嚮往召喚改革者巨大的光芒，靈魂遞嬗、踏雪疾走，經過矛盾的告別，經過對世界的厲聲吶喊，縱然身處邊緣，知識分子仍然情操不滅，心意未死！

智慧田 009

童女之舞　◎曹麗娟　定價160元

當年白衣黑裙的鈴璫笑聲，十六歲女孩的熱與光，當年被父親亂棒斥逐，無所掩藏，無所遁逃的洪荒情慾。曹麗娟十五年來第一本短篇小說，教你發燙狂舞！愛情在苦難中得以繼續感人至深！

李昂、張小虹等名家聯合眞誠推薦

智慧田 010

情慾微物論　◎張小虹　定價220元

從電子花車到針孔攝影機，台灣人愛看；從飆車到國會打架，台灣人愛拼。呈現台灣情慾文化的衆生百態，是文化研究與通俗議題結合的漂亮出擊，革命尚未成功，情慾無所不在！

◎聯合報讀書人每周新書金榜

中國時報開卷一周好書榜

智慧田系列

智慧田 011

語言是我們的星圖　◎南方朔　定價250元

語言可以說成許多譬喻：它是人的居所、是鐫刻著故事的寓言書；也可以視爲一張地圖，或標示思想天空的星圖。

我們走過的、我們知道的，以及我們還不知道的，都在其中。而我們自己就是那個繪圖的人。但願被繪的星圖能精確的反映出星光燦爛，而不是心靈宇航時會迷途的惡劣天空。

中國時報開卷版一周好書榜

智慧田 012

烈女圖　◎黃碧雲　定價250元

從一種世紀初的殘酷，到世紀末的狂歡，香港女子的百年故事，一切都指向孤寂，和空無，不論是重於泰山，或輕於鴻毛，也許是一個被賣出家門，再憑一把手槍出走的童養媳；也許是一個成衣工廠車衣，償還父親賭債的女工；也許是一個恣意遊走在諸男子間的女大學生；烈女無族無譜，是以黃碧雲寫下這本《烈女圖》，宛若世界的惡意之下，女人的命運之書。

中國時報開卷版1999年度十大好書！

智慧田 013

我一個人記住就好　◎許悔之　定價200元

《我一個人記住就好》收一九九三年後創作的散文於一帙，主題多圍繞悲傷、死亡、欲望、人身溫柔和不忍離捨。彷若月之亮與暗面，柔光和闃暗相互浸染。以考究雅緻的文字書寫面對世界惡意的莫名恐懼，還有目擊無常迅速間，瞬間美好的戰慄。

智慧田 014

二十首情詩與絕望的歌　◎聶魯達/詩 李宗榮/譯 ◎紅膠囊/圖 定價200元

這本詩集記錄了一個天才而早熟的詩人，對愛情的追索與情欲的渴求，悲痛而獨白的語調，記錄了他與兩個年輕女孩的愛戀回憶，近乎感官而情欲的描寫，全書將智利原始自然景致如海、山巒、星宿，風雨等比喻成女性的肉體。本書寫就於聶魯達最年輕而原創時期，可視爲是他一生作品的源頭，也是瞭解他浪漫與愛意濃烈的龐大詩作的鑰匙。

中國時報開卷版一周好書榜

智慧田 015

有光的所在　◎南方朔　定價220元

《有光的所在》抒發良善的人性質感，擺脫批判與韃伐，吶喊與喧囂，回歸生活中最重要的人品鍛鍊。當世界變得越來越無法想像，唯有謙卑、自尊、勇敢、不忍這些私德與公德的培養，才會讓我們免於恐懼，進而成爲自我能量的發光體。

獲明日報讀者網路票選十大好書，誠品2000年Top 100

中國時報開卷版一周好書榜

智慧田系列

智慧田 016

末日早晨

◎張惠菁　定價220元

《末日早晨》以身心病症為創作座標，當都會生活的焦慮移植在胃部、眼神、子宮、大腦、皮膚、血管，我們的器官猶如被我們自身背叛了，於是抵抗一成不變的思考窠臼，張惠菁的《末日早晨》於焉誕生。拿下時報文學小說獎的「蛾」、台北文學獎的「哭渦」盡收本書。文學評論家　王德威先生專文推薦

中國時報開卷版一周好書榜。聯合報讀書人每周新書金榜

智慧田 017

從今而後

◎鍾文音　定價220元

《從今而後》書寫一介女子的情愛轉折，繁複而細膩的書寫，烘托出愛情行走的荒涼路徑，全書時而悲傷、時而愉悅，不斷纏繞在戀人間的問答承諾，把我們帶進一個看似絕望，卻仍保有一線光亮的境地，從今而後浪跡的情愛，有了終究的歸屬。

中國時報開卷版一周好書榜

智慧田 018

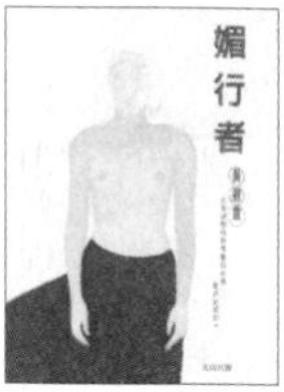

媚行者

◎黃碧雲　定價220元

《媚行者》寫自由、戰爭、受傷、痛楚、失去和存在、破碎與完整。失憶者尋找遺忘的自身，過往歷歷無從安頓現刻；飛行員失去左腳，生之幻痛長久而完全，生命仍如常繼續；革命分子，張狂自由接近毀滅……當細小而微弱的肉身之軀，搏鬥著靈魂存在的慾望、愉悅，命運枷鎖成了最永遠而持續的對抗。

智慧田 019

有鹿哀愁

◎許悔之　定價200元

詩人呈現給我們的感官美學，從初稿，二稿、三稿，乃至定篇成詩的編排裡，讀出詩人對神思幻化的演繹過程，也映照我們內在悲喜而即而離的心思。把詩裝置起來，竟見到詩人在世事的每一個角落裡，吟謳細緻的溫柔，如此情思動人。詩人楊牧專序推薦

智慧田 020

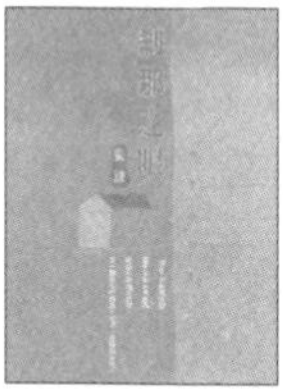

剎那之眼

◎張　讓　定價200元

《剎那之眼》持續張讓一向微觀與天問的風格，篇幅或長短或輕重，節奏情調不一，有高濃度的散文詩，有鋒利的詰問，有痛切的抒情，也有戲謔的諷刺，而不論白描或萃取，都單鋒直入，把握本質。

獲2000年中國時報開卷十大好書獎

智慧田系列

智慧田 021

語言是我們的海洋　◎南方朔　定價250元

南方朔先生的「語言之書」已經堂堂邁入第三册，在浩瀚廣闊的語言大洋中，他把「語言」的面貌提出宏觀性的探討，我們身邊所熟知的流行語、口頭禪：「小氣鬼」、「耍帥」、「格格」、「落跑」、「象牙塔」、「斯文」等等，南方朔先生亦抽絲剝繭、上下古今，道出語言豐碩的歷史與文化價值。

獲聯合報讀書人2000年最佳書獎

智慧田 022

鯨少年　◎蔡逸君　定價200元

《鯨少年》創想於九六年，靈感來自一份零售報紙的贈品，一一張錄製鯨群歌唱的CD。小說細細密密鋪排出鯨群的想望與呼息，在大洋中的掙扎搏鬥、情愛發生，書寫者時而以詩歌描繪出鯨群廣闊嘹亮的豐富生氣，時而以文字場景帶領我們墜入了寂寞的想像之島，如今作品完成鯨群遠走，人的心也跟著釋放，一切在艱難之後，安靜而堅定。

聯合報讀書人每周新書金榜

智慧田 023

想念　◎愛亞　定價190元

《想念》透過時間的刻痕，在文字裡搜尋及嗅聞著一點點懷舊的溫度，暖和而溫馨，寫少年懵懂，白衣黑裙的歲月往事；寫「跑台北」的時髦娛樂，乘坐兩元五毛錢的公路局，怎樣穿梭重慶南路的書海、中華路的戲鞋、萬華龍山寺、延平北路……在緩慢悠然的訴說中，我們好像飛行在昏黃的記憶裡，慢慢想念起自己的曾經……

智慧田 024

秋涼出走　◎愛亞　定價200元

《秋涼出走》，原刊登於中國時報人間副刊「三少四壯集」專欄，內容雖環繞旅行情事種種，但更多部分道出人與人因有所出走移動，繼而產生情感，不論物件輕重與行旅遠近，即使小至草木涼風、街巷陽光、路旁過客，經由緩慢閒適的觀看，身心視野依然會有意想不到的豐富體會。

聯合報讀書人每周新書金榜

智慧田 025

疾病的隱喻　蘇珊・桑塔格◎著　刁筱華◎譯　定價220元

翻開疾病的歷史，我們發現疾病被衆多隱喻所糾纏，隱喻讓疾病本身得到了被理解的鑰匙，卻也對疾病產生了誤解、偏見、歧視，病人連帶成爲歧視下的受害者。蘇珊・桑塔格讓我們脫離對疾病的幻想，還原結核病、癌症、愛滋病的眞實面貌，使我們展開對疾病的另一種思考。

聯合報讀書人每周新書金榜。中國時報開卷一周好書榜。

智慧田系列

智慧田 026

閉上眼睛數到10　◎張惠菁　定價200元

張惠菁在時間與空間的境域裡，敏銳觸摸各種生活細節。在這些日常事件裡，發生了種種人與人之間的關係。關係中充斥著隱喻，在其中我們摸索人我邊界。《閉上眼睛數到10》寫在一個關係中與位置同時變得輕盈的年代。

中國時報開卷一周好書榜。聯合報讀書人每周新書金榜。

智慧田 027

昨日重現—物件和影像的家族史　◎鍾文音　定價250元

是一杯茶的味道，勾起了多少往事的生動形象；是一盞燈的昏黃，讓影像有了過往的生命；是一個背影，使荒涼的情感哭出了聲音；是一件衣裳，將記憶縫補在夢中一遍又一遍；是家族的枝枝葉葉、血液脈動交織出命運的似水年華……鍾文音以物件和影像紀錄家族之原的生命凝結。

聯合報讀書人每周新書金榜。

中國時報開卷一周好書，誠品書店誠品選書

智慧田 028

最美麗的時候　◎劉克襄　定價220元

《最美麗的時候》爲劉克襄十年來之精心結集。打開這本詩集，你發現詩句和葉子、種子、鳥類、哺乳動物、古道路線圖融合在一起。隨著詩和畫我們彷彿也翻越了山巓、渡過河川，一同和詩人飛翔在天空，泅泳在溫暖的海域，生命裡的豐饒與眷戀，透過詩集我們被深深地撞擊著。

智慧田 029

無愛紀　◎黃碧雲　定價250元

人爲什麼要有感情，而感情又是那麼的糾纏不清。在這無法解開的夾纏當中，每個人都不由自主。無愛紀無所缺失、無所希冀、幾乎無所憶、模稜兩可、甚麼都可以。本書收錄黃碧雲最新三個中篇小說「無愛紀」與「桃花紅」、「七月流火」，難得一見的炫麗文字，書寫感情生命的定靜狂暴。

智慧田 030

在語言的天空下　◎南方朔　定價250元

「語言不只是音與字，而是字與音的無限串聯，所堆疊起來的天空，它罩在我們的頭頂上，遮蔽了光。」《在語言的天空下》解除這遮蔽的重量，南方朔先生一個字、一個字去考據，他探究字辭間的包袱，敲敲打打，就像一位白頭學者，或是田野考古家，將語言拆除、重建，企圖尋找埋在語言文字墳塚裡即將消失的意義。

你如何購買大田出版的書？

這裡提供你幾種購書方式，
讓你更方便擁有一本眞正的好書。

一、書店購買方式：
你可以直接到全省的連鎖書店或地方書店購買，而當你在書店找不到我們的書時，請大膽地向店員詢問！

二、信用卡訂閱方式：
你也可以填妥「信用卡訂購單」傳真到 04-23597123（信用卡訂購單索取專線 04-23595819 轉 230）

三、郵政劃撥方式：
戶名：知己實業股份有限公司　　帳號：15060393
通訊欄上請填妥叢書編號、書名、定價、總金額。

四、通信購書方式：
填妥訂購人的資料，連同支票一起寄台中市 407 工業 30 路 1 號知己實業股份有限公司收。

五、購書折扣優惠：
購買兩本以上九折優待，十本以上八折優待，若需要掛號請付掛號費 30 元。（我們將在接到訂購單後立即處理，你可以在一星期之內收到書。）

六、購書詢問：
非常感謝你對大田出版社的支持，如果有任何購書上的疑問請你直接打服務專線 04-23595819 或傳真 04-23597123 ，以及 Email：itmt@ms55.hinet.net

我們將有專人為你提供完善的服務。
大田出版天天陪你一起讀好書！

智慧田 031

活得像一句廢話

作者：張惠菁
發行人：吳怡芬
出版者：大田出版有限公司
台北市106羅斯福路二段79號4樓之9
E-mail:titan3@ms22.hinet.net
編輯部專線（02）23696315
傳眞（02）23691275
【如果您對本書或本出版公司有任何意見，歡迎來電】
行政院新聞局版台業字第397號
法律顧問：甘龍強律師

總編輯：莊培園
主編：蔡鳳儀
企劃：蔡雅雯
美術設計：陳淑純
校對：陳佩伶／耿立予／蘇清霖／張惠菁
製作印刷：知文企業（股）公司・(04)23595819 ext 120
初版：2001年（民90）6月30日
定價：新台幣 160 元

總經銷：知己實業股份有限公司
（台北公司）台北市106羅斯福路二段79號4樓之9
電話：(02)23672044・23672047・傳眞：(02)23635741
郵政劃撥：15060393
（台中公司）台中市407工業30路1號
電話：(04)23595819・傳眞：(04)23595493

國際書碼：ISBN 957-455-016-8 /CIP:312.91653　90006648
Printed in Taiwan

國家圖書館出版品預行編目資料

活得像一句廢話／張惠菁著.－－初版.－－臺北
市：大田，民90
面；　公分

ISBN 957-455-016-8（平裝）

1.網際網路 － 站臺 － 通俗作品

312.91653　　　　90006648

廣告回郵
北區郵政管理局登
記證北台字11049號
免貼郵票

大田出版有限公司　編輯部收

地址：台北市106羅斯福路二段79號4樓之9

電話：（02）23696315-6　傳眞：（02）23691275

E-mail：titan3@ms22.hinet.net

地址：

姓名：

信用卡訂購單（要購書的讀者請填下資料）

書　名	數量	金額	書　名	數量	金額

□VISA　□JCB　□萬事達卡　□運通卡　□聯合信用卡

●卡號：＿＿＿＿＿＿　●信用卡有效期限：＿＿年＿＿月

●訂購總金額：＿＿＿＿元　●身分證字號：

●持卡人簽名：＿＿＿＿＿＿（與信用卡簽名同）

●訂購日期：＿＿年＿＿月＿＿日

填妥本單請直接郵寄回本社或傳真(04)23597123

閱讀是享樂的原貌，閱讀是隨時隨地可以展開的精神冒險。

因為你發現了這本書，所以你閱讀了。我們相信你，肯定有許多想法、感受！

讀　者　回　函

你可能是各種年齡、各種職業、各種學校、各種收入的代表，
這些社會身分雖然不重要，但是，我們希望在下一本書中也能找到你。

名字／＿＿＿＿＿＿＿＿ 性別／□女 □男　出生／＿＿＿年＿＿＿月＿＿＿日

教育程度／＿＿＿＿＿＿＿＿＿＿

職業：□ 學生　□ 教師　□ 內勤職員　□ 家庭主婦
□ SOHO族　□ 企業主管　□ 服務業　□ 製造業
□ 醫藥護理　□ 軍警　□ 資訊業　□ 銷售業務
□ 其他＿＿＿＿＿＿＿＿

E-mail/＿＿＿＿＿＿＿＿＿＿＿＿＿＿ 電話/＿＿＿＿＿＿＿＿

聯絡地址：＿＿＿＿＿＿＿＿＿＿＿＿＿＿＿＿＿＿＿＿＿＿＿＿

你如何發現這本書的？　　**書名：活得像一句廢話**

□書店閒逛時＿＿＿＿＿＿書店 □不小心翻到報紙廣告（哪一份報？）＿＿＿＿＿＿

□朋友的男朋友（女朋友）灑狗血推薦 □聽到DJ在介紹＿＿＿＿＿＿＿＿

□其他各種可能性，是編輯沒想到的＿＿＿＿＿＿＿＿＿＿＿＿

你或許常常愛上新的咖啡廣告、新的偶像明星、新的衣服、新的香水……

但是，你怎麼愛上一本新書的？

□我覺得還滿便宜的啦！ □我被內容感動 □我對本書作者的作品有蒐集癖

□我最喜歡有贈品的書 □老實講「貴出版社」的整體包裝還滿 High 的 □以上皆非 □可能還有其他說法，請告訴我們你的說法

＿＿＿＿＿＿＿＿＿＿＿＿＿＿＿＿＿＿＿＿＿＿＿＿＿＿＿＿

你一定有不同凡響的閱讀嗜好，請告訴我們：

□ 哲學　□ 心理學　□ 宗教　□ 自然生態　□ 流行趨勢　□ 醫療保健
□ 財經企管　□ 史地　□ 傳記　□ 文學　□ 散文　□ 原住民
□ 小說　□ 親子叢書　□ 休閒旅遊 □ 其他＿＿＿＿＿＿＿＿

請說出對本書的其他意見：＿＿＿＿＿＿＿＿＿＿＿＿＿＿＿＿

購書方式：

郵政劃撥　帳戶：知己實業有限公司　帳號：15060393
在通信欄中填明叢書編號、書名、定價及總金額即可。

購買2本以上9折優待，10本以上8折優待。訂購3本以下如需掛號請另付掛號費30元

服務專線：(04)23595819 ext 231　FAX：(04)23597123

E-mail：itmt@ms55.hinet.net

大田出版有限公司編輯部 感謝您！